アパレル 図解 ゲーム チェンジャー

齊藤孝浩
TAKAHIRO SAITO

流通業界の常識を変革する10のビジネスモデル

日本経済新聞出版

チェンジ・ザ・ゲーム！
流通の常識を疑ってイノベーションを起こせ

　スマートフォンの登場と普及、その後2020年に発生した世界的なパンデミックによる外出制限や非接触志向の流れは、消費者の購買行動の変化を加速させました。

　オンラインショッピングへの購入経路の分散により、店舗販売をする小売業は店舗売上高が減少し、それをカバーするためにオンライン対応を迫られていますが、多くの企業がそのデジタルシフトに乗り遅れているのが実態です。

　一方、早くからEコマースに取り組み、EC売上比率がそこそこ高く、うまく移行できているように見えている企業についても、決して順風満帆なわけではありません。そこではまた、店舗運営とは違う広告宣伝費や物流費、支払手数料などオンライン販路特有の費用がかかり、その額は年々増加し、思い通りの利益が得られずにいるのです。

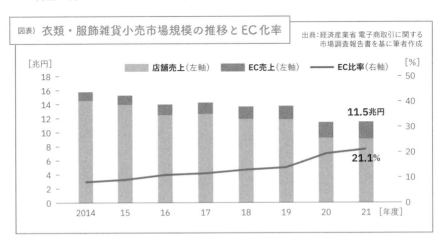

図表) 衣類・服飾雑貨小売市場規模の推移とEC化率

出典：経済産業省 電子商取引に関する市場調査報告書を基に筆者作成

この間、世界的に原材料および人件費の高騰が進み、店舗とオンライン間の競争激化もあいまって、多くの企業が生産地のシフトを進めています。ファッション流通で言えば、国内から中国、中国から東南アジア、そしてバングラデシュへと、人件費の安い国を求めて生産地を遠くへ遠くへと移したことによって、生産リードタイムは以前より長くなり、見込み生産による過剰在庫リスクに頭を痛めているのです。

　売り上げが伸びず値下げが常態化し、経費が増え損益が悪化する。在庫が増え現預金は減る……。それだけでも大変な状況の中で、さらに環境問題への対応も企業経営に課せられた大きな課題として浮上しています。

　小売業界では営業利益率が10％も出せれば優秀と言われていますが、このような厳しい市場環境の中でも、営業利益率15％以上を稼ぎ出したり、年率二桁増の高成長を続けたりしている流通企業があります。

　その中には、過剰な在庫リスクを抱えず、品揃えを充実させることで高成長、高利益率を上げる企業もあれば、販売管理費を無理なく減らすことで顧客に価値ある商品を提供し、二桁成長を続けている企業もあります。また、従来の小売業の売上高とは異なる収入源を持つことで利益率を高めたり、資産をフル活用することで、顧客に付加価値を提供したりしている企業もあります。さらに、テクノロジーを活用して企業と消費者をつなぐことで支持を得て、シェアを拡大し続けている企業もあるのです。

　羨むほどうまくいっている企業と、苦戦する企業の違いはいったいどこにあるのでしょうか？

　筆者はファッション流通コンサルタントとして、在庫最適化をテーマに多くの成長小売業に関わってきました。日々、クライアント企業の実践をサポートする傍ら、そこに新しい知見を取り入れるため、常に国内外のリーディングカ

ンパニーの売り場やサービスを研究したり、研究対象が上場企業であれば、財務諸表などの情報から企業分析を行ってヒントを得たりするよう心がけています。

　3年間におよんだコロナ禍で多くの流通企業が苦しんでいる中、筆者は企業分析を通して、苦戦する企業と勝ち抜ける企業の間に大きな違いがあることに気が付きました。

　従来の小売業は、引き続きシーズンごとに在庫を仕入れ、高い家賃と人件費を調整しながら商品を販売して粗利を稼ぐこと、つまり損益計算書（PL）をベースにした人海戦術に頼っているようでした。

　それに対して、無駄な在庫を抱えずに、売り上げより利益を稼ぐことにフォーカスし、持てる資産やテクノロジーを活用して、できるだけ固定費をかけずに利益を残す。つまり、無理をせず、頑張り過ぎず、独自の資産を活用した「しくみ」で儲けることを考えている企業がある。言い換えれば、PLではなく貸借対照表（BS）で考えている点が、勝ち続けている流通業に共通していることでした。

　本書では、消費者の購買行動の変化に柔軟に対応する時代に勝ち残るために、従来の流通業界の企業がしているようなPL（売上原価、販売管理費）だけで戦う経営ではなく、BS（現預金、在庫、有形無形設備投資など）に視野を広げ、その資産を有効活用してPLの収益性を磨く「ゲームチェンジャー」のビジネスモデルを紹介します。

　彼らがBSの資産をどんなことに活かしているかと言えば、無駄な在庫を抱えないサプライチェーンマネジメント（ZARA）、リードタイムの短縮（SHEIN）、効率的なフルフィルメント（ZOZO）、持続可能なフランチャイズ方式（ワークマン）、更新率に支えられた有料会員制小売業（COSTCO）、ブランド価値を高め続

けるM&A（LVMH）、売上高よりフィンテックの収益性（丸井グループ）、売り手と買い手をCtoCでつなぐマッチング（メルカリ）、地域経済を活性化するラストマイル物流（DoorDash）、そして、未来のサーキュラーエコノミーに向けての先行投資（ZARA他）など、資産の活かし方はそれぞれですが、いずれも未来に向けて多くの流通企業が高い関心を示すテーマばかりです。

　今後ますます変化するビジネス環境に対応するために、従来のビジネスモデルからの脱却を考えなければならない時。
　本書では、多くの企業が採る従来型のビジネスモデルと、その常識を覆すゲームチェンジャーのビジネスモデルのアプローチを比較することで、ゲームチェンジャーがどのようにして既成概念にとらわれずに新しいビジネスモデルを創り上げたかを明らかにしていきます。

　また、彼らのビジネスモデルを言葉や数字から捉えるだけでなく、視覚的、直感的に理解するために、財務諸表を図解することを試みました。このアプローチにより、PLの売上高だけにこだわるのではなく、BSの資産を有効活用することが、将来の持続可能な成長と継続的な収益の向上のカギになることを理解する上での助けになればと思います。

　本書を通じ、流通業界を変革するゲームチェンジャーのビジネスモデルのしくみを知ることで、今、流通企業が直面し、模索している課題と新しい方向性や選択肢をつかんでいただければ幸いです。そして、業界の既成概念にとらわれない、解決のための柔軟な着眼点を持つことで、これからビジネスを始めたいと考えている方々や、既存のビジネスを変革したいと考えている方々に、一歩前に踏み出すためのきっかけがご提供できれば、本書の役割が果たせたと言えます。

本書によく出てくる図表の解説

①時系列データグラフ ･･

　直近や前年との比較＝昨対ではなく、中長期の時系列でグラフにして並べて見ることで、その傾向から変化や異常値が起こった時期に気付くことができる。

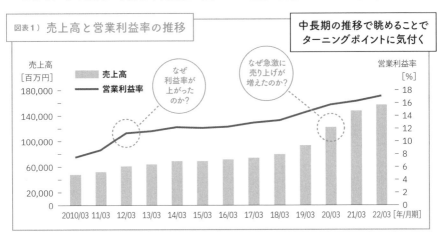

図表1）売上高と営業利益率の推移

**中長期の推移で眺めることで
ターニングポイントに気付く**

②損益計算書（PL）図 ･･

　決算書の数字の並びだけでは気付けない、売上高から営業利益まで（本業の儲け）の特徴を比例縮尺図で表すことで、儲けのしくみや構造を視覚的に理解したり、比較したりすることができる。

[一般的な決算書の中の損益計算書]　▶　[本書の図解方法]

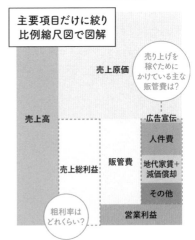

**主要項目だけに絞り
比例縮尺図で図解**

連結損益計算書　　　　　　　　　　　　　　　　（単位：百万円）

	前連結会計年度 （自 202X年4月1日 至 202X年3月31日）	当連結会計年度 （自 202X年4月1日 至 202X年3月31日）
売上高	100,000	130,000
売上原価	40,000	50,000
売上総利益	50,000	70,000
返品調整引当金繰入額	△0	△0
差引売上総利益	50,000	70,000
販売費及び一般管理費		
広告宣伝費及び販売促進費	3,000	4,000
ポイント引当金繰入額	100	200
運送費及び保管費	4,000	5,000
貸倒引当金繰入額	0	―
給料手当及び賞与	15,000	17,000
賞与引当金繰入額	1,000	1,000
役員賞与引当金繰入額	15	20
退職給付費用	100	100
役員退職慰労引当金繰入額	5	3
福利厚生費	3,000	3,000
賃借料	15,000	17,000
リース料	120	120
その他	10,000	14,000
販売費及び一般管理費合計	50,000	60,000
営業利益	1,000	7,000

③貸借対照表（BS）図 ···

決算書の数字の並びだけではわからない、2ページに分かれている資産の部（左側）と負債および純資産の部（右側）を比例縮尺図で表すことで、どんな資産を元に事業を回しているか、事業体質を視覚的に理解することができる。特に、営業活動（PL）を回すための保有資産の特徴に注目。

［ 一般的な決算書の中の貸借対照表 ］

資産の部

（1）連結貸借対照表 （単位：百万円）

	前連結会計年度 （202X年3月28日）	当連結会計年度 （202X年3月28日）
資産の部		
流動資産		
現金及び預金	60,000	52,000
受取手形及び売掛金	7,000	6,000
商品及び製品	9,000	10,000
原材料及び貯蔵品	30	30
その他	1,000	500
貸倒引当金	△10	－
流動資産合計	80,000	69,000
固定資産		
有形固定資産		
建物及び構築物（純額）	6,000	4,000
機械装置及び運搬具（純額）	2	2
土地	500	300
リース資産（純額）	800	1,100
その他（純額）	200	200
有形固定資産合計	7,000	6,600
無形固定資産	500	400
投資その他の資産		
投資有価証券	1,700	1,500
差入保証金	10,000	10,000
繰延税金資産	2,000	2,000
その他	800	700
貸倒引当金	△200	△260
投資その他の資産合計	10,000	10,000
固定資産合計	20,000	20,000
資産合計	100,000	90,000

負債および純資産の部

（単位：百万円）

	前連結会計年度 （202X年3月31日）	当連結会計年度 （202X年3月31日）
負債の部		
流動負債		
支払手形及び買掛金	20,000	20,000
短期借入金	15,000	250
1年内返済予定の長期借入金	5,000	5,000
未払費用	2,000	2,000
未払法人税等	80	1,000
賞与引当金	1,000	1,000
役員賞与引当金	10	200
返品調整引当金	0	0
ポイント引当金	400	3,000
その他	2,000	1,000
流動負債合計	50,000	30,000
固定負債		
長期借入金	7,000	5,000
退職給付に係る負債	1,000	1,000
役員退職慰労引当金	100	100
長期未払金	20	15
リース債務	600	900
資産除去債務	1,000	1,000
繰延税金負債	2	1
その他	10	20
固定負債合計	10,000	10,000
負債合計	60,000	40,000
純資産の部		
株主資本		
資本金	3,000	3,000
資本剰余金	4,000	4,000
利益剰余金	30,000	40,000
自己株式	△2,000	△2,000
株主資本合計	40,000	40,000
その他の包括利益累計額		
その他有価証券評価差額金	△0	△0
為替換算調整勘定	△20	△10
退職給付に係る調整累計額	△100	△80
その他の包括利益累計額合計	△100	△100
非支配株主持分	－	60
純資産合計	40,000	40,000
負債純資産合計	100,000	90,000

▼

［ 本書の図解方法 ］

主要項目だけに絞り比例縮尺図で図解

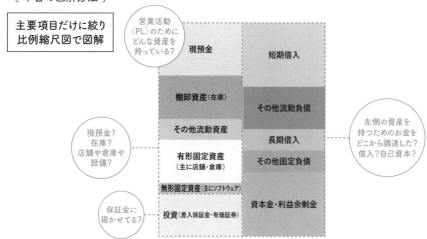

CONTENTS

Chapter 06　LVMH（モエヘネシー・ルイヴィトン）

Chapter 07　丸井グループ

Chapter 08　メルカリ

Chapter 09　DoorDash（ドアダッシュ）

Chapter 10　ZARA（インディテックス）他

※本書に掲載したデータは、2022年12月時点の各社の決算書情報を参照しています。
※外国通貨の円換算は付記のある場合を除き、原則として各社の決算日における為替レートで換算しました。

ZARA

（インディテックス）

需要連動生産で
在庫リスクを抑制する

#シーズン商品の寿命 #在庫リスク #過剰在庫

#見込み生産 #需要連動生産 #小ロット短サイクル生産

#スピードのための内製化 #有形固定資産（設備投資）

#近隣国生産 #サプライチェーンマネジメント

GAME
CHANGER **ZARA**（インディテックス）

THEME 需要連動生産で
在庫リスクを抑制する

これまでの常識

シーズン前の需要予測に基づき
見込み生産する

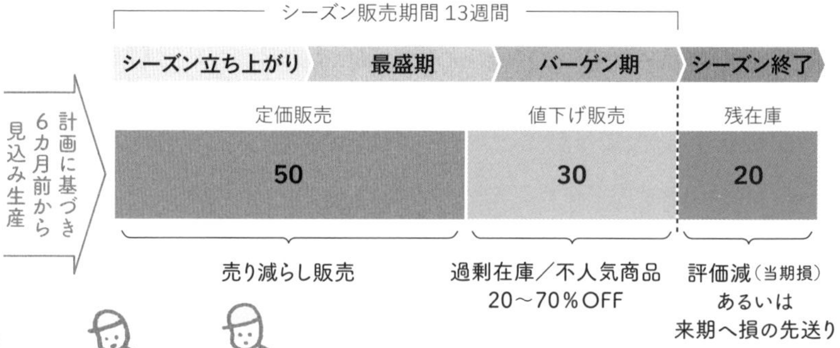

シーズン販売期間13週間

シーズン立ち上がり	最盛期	バーゲン期	シーズン終了
定価販売		値下げ販売	残在庫
50		30	20

計画に基づき
6カ月前から
見込み生産

売り減らし販売 　　過剰在庫／不人気商品　　評価減（当期損）
　　　　　　　　　　20〜70％OFF　　　　あるいは
　　　　　　　　　　　　　　　　　　　来期へ損の先送り

✔ リードタイムが長いため一発勝負
　＝投機的在庫リスクを抱える！
✔ 気候や市場環境により売れ行きは不安定
　＝売れ残り在庫の行方は……？

チェンジ

本章の概要 アパレルの生産方法の常識を変え、過剰在庫のリスクを減らして利益を上げる。一括見込み生産は過剰在庫のもと。必要な分だけつくり、動き出した需要を見てつくり足すことで、過剰在庫による値下げを抑え売れ残りを防ぐ。

ゲームチェンジャーの新常識

シーズン中の顧客需要に応えて
需要連動生産でつくり足す

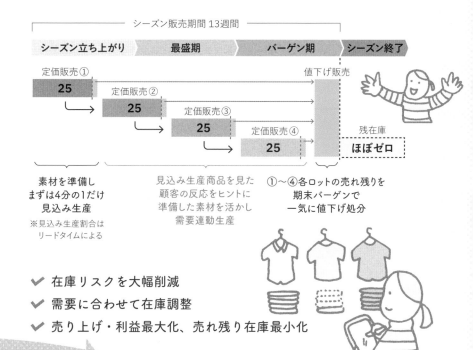

シーズン販売期間 13週間

| シーズン立ち上がり | 最盛期 | バーゲン期 | シーズン終了 |

定価販売①
25
定価販売②
25
定価販売③
25
定価販売④
25

値下げ販売

残在庫
ほぼゼロ

素材を準備し
まずは4分の1だけ
見込み生産
※見込み生産割合は
リードタイムによる

見込み生産商品を見た
顧客の反応をヒントに
準備した素材を活かし
需要連動生産

①〜④各ロットの売れ残りを
期末バーゲンで
一気に値下げ処分

✓ 在庫リスクを大幅削減

✓ 需要に合わせて在庫調整

✓ 売り上げ・利益最大化、売れ残り在庫最小化

ザ・ゲーム　CHANGE THE GAME

これまでの常識

- ファッション業界は年に2回（春夏/秋冬）、シーズンに先駆けて開催される欧米コレクションのサイクルで動く。

- 生産のボトルネックは❶素材調達に時間がかかることと❷海外生産が中心でリードタイム（調達期間）が長いこと。サプライチェーンに関わる企業が多数存在するバトンタッチリレー。それぞれが安全リードタイム（生産期間）を要求するため、製品のリードタイムは長くなる。そのため、販売開始4〜6カ月前の素材調達のリードタイムにあわせた製品の見込み発注が中心となる。

- 多くの企業はブランド知名度、情報収集力、商品企画力を駆使し、競争力（コスパ）のある価格をつけて販売し、値下げキャンペーンやバーゲンセールを駆使して見込み生産在庫を売り切ることができた。

パラダイムシフト

- 2008年の金融危機、ファストファッションの日本上陸（グローバル化）、スマートフォン（スマホ）の登場以来、企業間だけでなく、企業—顧客間の情報格差が急速に縮まる。オンライン・オフラインともに市場競争が激化。

- 販売市場だけでなく、生産地においても世界的な原価高騰が進む。安い人件費を求めて生産地を移すことで、リードタイムはますます長くなり、見込み生産比率が高まり、企業側の在庫リスク拡大が進む。

ゲームチェンジャーの新常識

- ZARA（インディテックス）はサプライチェーン上のボトルネックを内製化し、高速化に取り組むことでリードタイムを短縮。市場の変化と潜在需要に柔軟に対応してつくり足しするしくみを整えた。

- ❶調達に時間のかかる素材はあらかじめ準備しておき、❷目の行き届く国内、近隣国での一部の見込み生産と、販売を開始した後につかむ需要連動生産を組み合わせて製品改良を行い、商品的中率と店頭在庫鮮度を高めていく。

- 原価、コストは高くても、過剰在庫処分のための値下げを抑えてリーズナブルな当初販売価格で売り切り高利益率を維持。

| 高利益率の理由 | **在庫リスクマネジメント** |

見込み生産による過剰在庫を抱えない。需要連動生産で、在庫の中身を改善しながら、値下げと売れ残り在庫を抑制して歩留まりを高める。

在庫リスクマネジメントで
高収益を続ける
ZARA

　チャプター１では、世界アパレル専門店売上ランキングで2009年以来世界一の座に君臨し続ける、**ZARA**を展開する**インディテックス**をご紹介します。

　図表1は過去10年間のインディテックスの売上高と営業利益および営業利益率を表したものです。世界的なパンデミックに見舞われた2020年度（2021年1月期）を除いて、常に15％以上の営業利益率、年平均約11％の増収、同11％の増益を続けています。2021年度の第2四半期（2021年5〜7月）にはパンデミック後の回復が進み、2022年度（2023年1月期）に入ると最高益だった

2019年度（2020年1月期）の第2四半期を上回る過去最高益を更新し続けています。

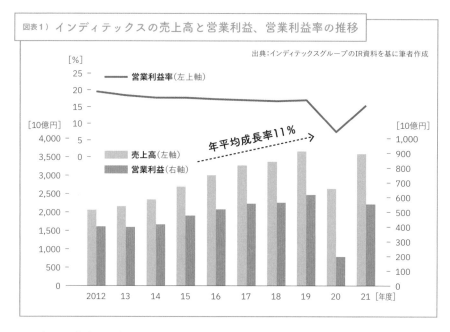

図表1) インディテックスの売上高と営業利益、営業利益率の推移

出典：インディテックスグループのIR資料を基に筆者作成

多くの企業が天候要因、経済環境、市場環境に振り回される中で、同社はなぜ、このような安定的な舵取りができるのでしょうか？

インディテックスは1963年に創業した世界のトレンドファッションをリーズナブルな価格で販売するアパレル製造小売企業です。スペインの北西、大西洋に面したガリシア州に本社があり、創業当時は地元百貨店などの小売業に納品する製造業でした。1975年に自ら直営店ZARAを持つことによって、製造小売業（SPA）となりました。2022年8月時点で、世界95カ国に出店し、Eコマース（EC）も含めると、215カ国に販売しています。

≫ シーズン商品のリスク

　ファッション性の高いアパレル販売の難しいところは、季節の移り変わりと流行の変化によって、今売れている商品が１カ月後、２カ月後にもそのまま売れ続けるとは限らないことです。

　そのため、１シーズン分（例えば、約３カ月分）見込み生産をした商品は、平均約３カ月、13週間という短いシーズン販売期限内に当初価格のままで売り切れるかどうかがわからず、さらに、その後バーゲンセールで大幅値下げをしたとしても、売り切れる保証がないという値下げリスクと売れ残りリスクに常に晒されているのです。

　そんなビジネスリスクに対しZARAは、まずは見込みで店頭に並べる必要最小限（販売約３週間分）の在庫をつくります。シーズン販売予定数の４分の１相当です。店頭に並べた商品を見た顧客の反応（潜在需要）に基づき、必要最小限な分だけ高速で商品をつくり足し、スピード重視で世界の店頭に届けます。そんな需要連動生産をシーズン中に数回繰り返すことで、不要な在庫をつくり過ぎず、トレンドファッションの過剰在庫のリスクを回避しています。

　同社は世界の多くのアパレル企業がするように、遠いアジアの人件費の安い国で長いリードタイムをかけて、在庫リスクを負いながら商品を大量に安い原価でつくることはしません。多くの商品は多少原価が高くなっても、本社のあるスペインから目が行き届く、生産リードタイムを短くできる近隣国で小ロット生産（スペイン、ポルトガル、モロッコ、トルコで過半数の商品を生産）することで、いかに値下げをせずに定価のままで在庫を売り切るかを重視してきたのです。

≫ コスト安を求めて遠い国で生産すると……

　日本のアパレル産業においても、多くの企業が競争のための低価格化や年々増える値下げ（商業施設のキャンペーンやECモールのクーポン含む）、それに伴う販売効

率の低下に苦労しています。そのため、上昇する売上高販売管理費比率に対応すべく、できるだけ仕入れ原価を下げようと、安い人件費を求めて海外生産を進めました。中国沿岸地域からさらに奥地へ、また、東南アジア、バングラデシュへと、生産地が遠方へと広がってきた経緯があります。中国でのニット生産やインド独自の素材を使ったインド生産など、その産地で商品をつくる意義がある場合はよいでしょう。しかし、単純に安価なコストだけを求めて、遠いところで長いリードタイムをかけて大量生産をすることは、販売期間が短いファッション商品には大きな在庫リスク、つまり事業リスクが伴うことを見落としてはいけません。

図表2）アパレル生産地の広がり

　値下げは抱えた在庫が販売期限（シーズン末）までに売り切れないために行うものです。裏を返せば、売り切れないほどの在庫を抱え込まなければ、値下げはしないで済むわけです。

　いくら安価な原価でつくっても、商品の品質が販売価格に見合わなければ、顧客はコストパフォーマンスを感じられず、企業の思い通りには売れません。そして、シーズン末までに売り切れない過剰在庫を抱えることになれば、企業は耐え切れず数十％OFF、数千円単位の大幅値下げをすることになります。すると、せっかくリスクをとって人件費の安い国で数十パーセント、あるいは数

百円安価でつくることができた原価低減努力も水の泡になるでしょう。そして、その商品を定価で購入した顧客が大幅値下げになった商品を見れば、失望することでしょう。何度かそんな体験をした顧客は、待っていればいずれ価格が下がるだろうという心理になり、値段が下がるまで買い控えをするようになるのです。

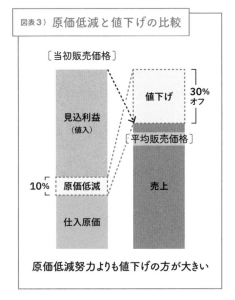

図表3）原価低減と値下げの比較

原価低減努力よりも値下げの方が大きい

>> 適正価格の売り切れ御免販売に徹するZARA

そんなアパレル業界で毎シーズン繰り返される悪循環を知っているZARAは、毎年6月末から始まる夏のバーゲン、12月末から始める冬のバーゲン以外では、基本的には値下げをせずに定価で販売することをポリシーにしています（期間限定、一部商品を対象にゴールデンウィークセール、シルバーウィークセールなどのプロモーションはあり）。

本部に勤務する各国担当のプロダクトマネジャーがキーパーソンとなって、その市場の顧客が望む品揃えと価格設定をし、商品を店頭に並べては次々に売り切っていきます。その間、プロダクトマネジャーは店頭での顧客の試着情報を各国から吸い上げ、これから売れるだろう商品の仮説を立て、3週間分の新商品をつくり足していきます。そのため顧客も、欲しい商品に出会ったら次回来店時に残っているとは限らないため、「今、買わなければ売り切れる」と思い、即断即決で購入することで、当初販売価格のままで店頭商品が入れ替わる好循環を生んでいるのです。

この結果、同社の損益計算書（PL）が表すように、世界のアパレル業界の中でも屈指の高い粗利率（2022年2月期57.1％）および営業利益率（同15.4％）を実現しています。

同社の粗利率が高い理由は、商品を安く調達している、つまり仕入れ原価率（仕入れ原価÷当初販売価格）が低いからでは決してありません。むしろ、仕入れ原価率は業界平均と比べても少し高めなくらい（筆者推定36％前後）で、値下げを抑えることで実現した高粗利率なのです。

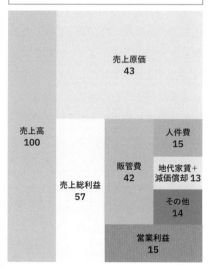

インディテックス（2022年2月期）[PL]

売上高 100
売上原価 43
売上総利益 57
販管費 42
人件費 15
地代家賃＋減価償却 13
その他 14
営業利益 15

図表4は仕入れた在庫が平均でどれだけ値下げをして販売されたかを表したものです。

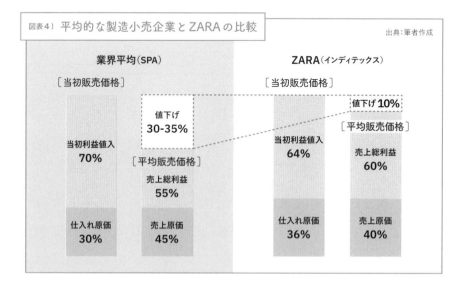

図表4）平均的な製造小売企業とZARAの比較　　出典：筆者作成

業界平均（SPA）

[当初販売価格]
当初利益値入 70%
仕入れ原価 30%

値下げ 30-35%

[平均販売価格]
売上総利益 55%
売上原価 45%

ZARA（インディテックス）

[当初販売価格]
当初利益値入 64%
仕入れ原価 36%

値下げ 10%

[平均販売価格]
売上総利益 60%
売上原価 40%

　左は筆者が携わる日本のファッション流通業界の製造小売企業の平均的な値、それに対して右は、ZARA本社でのインタビュー（2014年）時に伺った話を基に筆者が推定したものです。

　左の業界平均からは、せっかく安い仕入れ原価率でつくったのに、大幅に値下げをしていることがわかります。一方、ZARAは業界平均よりも高い仕入れ原価率で商品を調達していますが、値下げ幅を業界平均の3分の1に抑えることで、結果的により高い粗利率（歩留まり）を残していることを表しています。

過剰な在庫を抱えていないかを考える指標「在庫日数」

　ここで、同社が安定的に在庫をコントロールしていることがわかる数値を決算書から読み取ってみましょう。

　小売ビジネスにおいて、在庫をどれだけ持っているかを判断する経営指標の1つに在庫日数があります。

計算式
■在庫日数＝在庫原価÷1日あたりの売上原価

　在庫回転率が期間中に在庫が何回転しているかを表すのに対して、在庫日数は、今の在庫があとどれくらいで売り切れるか、あるいは在庫がいつまで持つかを表す指標です。短ければよいというわけではなく、適性を維持することが理想で、残された販売期限に対して追加仕入れや売り切りの判断の寄りどころとなり、アクションにつながる小売業の実践的な指標です。

計算式
■在庫回転率＝期間売上原価÷平均在庫原価×365÷期間日数
※平均在庫原価＝（期首在庫原価＋期末在庫原価）÷2

在庫日数は小売業の決算書であれば、PLの「売上原価」を販売日数で割ったものを「1日あたりの売上原価」として分母にし、貸借対照表の期末の棚卸資産、在庫や商品および製品などと呼ばれるの項目の中の商品在庫（完成品）にあたるものを分子として計算すれば得ることができます。

> （注）アパレルのようなシーズン商品を販売する企業は、自社の四半期と春夏秋冬の季節がほぼ一致するように決算期を決めているケースが多いものです。そのため、四半期末在庫を同四半期の売上原価で評価するよりも、むしろ翌四半期の売上原価で評価することに妥当性があります。例えば、2月末在庫の中身は冬商品ではなく、その多くが春商品であるはず、と考え、同期末在庫を春商品の販売が中心である翌四半期（3-5月）の売上原価で割ることで、より適切な評価をすることができます。図表5はこの手法で計算しています。

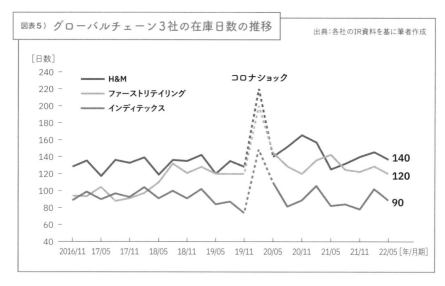

図表5）グローバルチェーン3社の在庫日数の推移

出典：各社のIR資料を基に筆者作成

図表5は2016年11月期からのグローバルアパレルチェーントップ3のインディテックス、H&M、ファーストリテイリングの四半期ごとの在庫日数をグラフ化したものです。

　同じアパレル製造小売業の中でも、ベーシックを中心に販売するユニクロを展開するファーストリテイリングの120日超と比べると、ZARAのインディテックスは販売期間の短いトレンドファッションを扱っているため、毎期90日前後と在庫日数が短いことがよくわかります。

　取り扱い商品の特性によりこのような違いが表れますが、同じトレンドファッションを中心に扱うH&Mと比べても、インディテックスの在庫日数は短く、同水準でコントロールされていることが見て取れます。

　次に、ZARAが仕入れ型小売業ではなく、自ら製造から販売まで関与する製造小売業でありながら、競合他社と比べて在庫日数を短くできている理由をサプライチェーンマネジメントの観点からお話ししましょう。

ZARAのサプライチェーンマネジメント

　アパレル商品の製造は図表6のように、素材である生地を裁断し、ボタンや裏地のような附属と縫い合わせ、アイロン仕上げや品質検品を経て、集約倉庫経由で店舗やEC販売の各拠点に届けられ、一般消費者に販売されます。この一連の流れを**サプライチェーン**（供給網）と呼びます。

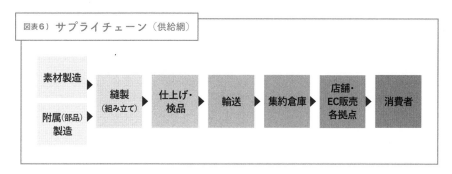

図表6）**サプライチェーン**（供給網）

　このサプライチェーンの各流通段階に関わる企業は多数存在し、素材（生地）メーカー、附属（ボタンや裏地）メーカー、縫製工場、商社（生産管理とファイナンス）、

アパレルメーカー（卸）、運送業者、倉庫、小売業（百貨店・専門店・ECモール）などが関わっています。

　店舗やECの需要に対して、できるだけ在庫を欠品させないように、売り逃さないように、販売拠点に十分な在庫を用意することが、顧客満足とともに企業利益の最大化を実現する小売業のミッションです。その一方でサプライチェーンの各工程において、それぞれ経営を圧迫するほどの過剰在庫を滞留させないように、必要な素材やパーツに製品在庫を無理なく、無駄なく保存し、淀みなく流通させることで、関わる企業がみな儲かる（企業利益最大化）ようにすることがサプライチェーンマネジメントのゴール（目的）です。

　需要に対して在庫が少なければ、欠品によりせっかくの販売機会を失ったり、買う気満々で来店した顧客をがっかりさせたりすることになります。
　一方、売り逃し防止だけを優先して在庫を多く持つとなると、一度にたくさんの資金が必要になります。また、過剰在庫をたくさん抱えてしまうと値下げが増えて利益率が下がり、売れ残り在庫を管理、処分するための経費が増えたり、多額の資金を寝かせたりすることで経営を圧迫します。

≫　在庫リスクとリードタイム

　一般的に、シーズン需要に対する生産は見込み生産と需要連動生産に分けることができます。需要はどんなに予測精度を高めても思い通りにならないことが常なので、100%見込み生産に頼るだけでは在庫リスクを抱え込む投機的行為となります。
　そこで、すべてを見込み生産するのではなく、販売期間と生産期間の制約の範囲で、実際の需要にあわせて必要な分だけつくる需要連動生産を組み合わせることで、販売期間中の供給と実需要のギャップを調整し、在庫のリスクを軽減することが可能になります。
　アパレル生産のサプライチェーンの中で、在庫リスクが最も大きいのは完成

品になった時です。なぜなら、ある特定デザインの商品、例えば青色のMサイズのシャツという製品在庫の状態になってしまったら、その商品そのもの（デザイン、色、サイズ）を欲している人にしか売ることができません。

　一方、裁断、縫製前の素材（生地）や附属の状態であれば、加工賃や諸経費がかかっていませんので、完成品よりコスト（原価）が格段に安いです。また、それらの素材や附属は別のサイズ、あるいは違うデザインの商品に使うこともできるので、在庫リスクは小さいと言えます。

　それぞれの工程にかかる時間、つまりリードタイムに関していうと、原料から素材や附属を用意するのには、数カ月もの時間がかかりますが、でき上がった素材や附属を裁断、縫製して製品化するには1〜2週間もあれば十分です。

図表7）アパレルの製造工程　在庫リスクとリードタイムの図

この素材段階と完成品段階の在庫リスクとリードタイムの違いを考慮して、リードタイムが数カ月かかる素材や附属は余裕をもって調達しておきます。そして、まずは店頭で初回販売に必要な分だけの製品在庫を生産（裁断・縫製）して店頭に並べます。販売を開始して顧客にどの商品が支持されるか、実際の需要を見てから、あらかじめ用意しておいた素材を活用して需要が見込める色、

サイズの製品を必要量だけ素早くつくり足す。これを繰り返すことができれば、需給ギャップのリスクは回避あるいは調整可能となります。見込み生産だけによる大きな在庫リスクを抱えずに済むことになるのです。

≫　トヨタ生産方式を学んだZARA

　サプライチェーンマネジメントが定着している自動車業界では、自動車メーカーは販売会社が展示する車は見込み生産で行い、それ以外は受注生産を行っていることをご存じかと思います。受注生産においては、部品メーカー各社にパーツの在庫を持っておいてもらい、受注にあわせて組み立て工場に納品してもらえるように契約しています。受注が入って必要なパーツが工場に揃い次第、組み立てに入るため、完成品の在庫リスクはなく、なおかつ短期間で納車できるのです。自動車業界では、このようなサプライチェーンマネジメントにより、高額品である車の過剰在庫を回避しています。

　パソコン業界のデルも、あらかじめ必要な組み立て用パーツを用意しておいて、顧客から注文が入ったものだけを生産しています。基本的に店頭やショールームでの展示品以外の在庫を持たずに、在庫効率を高めていることはお聞きになったことがあるでしょう。

　このサプライチェーン上の原料、素材、部品、仕掛かり品、需要の読めない製品在庫をマネジメントし、無駄な在庫を持たずに顧客の需要に応じてつくり足すことで、企業利益を高めることがサプライチェーンマネジメントであり、企業のビジネスモデルそのものなのです。

　ZARAは1980年代に日本の自動車業界の知恵、**トヨタ生産方式**を学びに日本にやって来ました。そして、そのエッセンスを独自にアパレル生産のサプライチェーンマネジメントに取り入れたのです。

　同社は販売期間の短いトレンドファッションを、見込み生産と需要連動生産に切り分けて、在庫リスクを抱え込まないようにするために、サプライチェー

ンの内製化を行いました。多くのアパレル企業では、商品のデザイン、完成品の流通・販売を自ら手掛けるのが一般的です。そして、製品の製造に関しては、委託メーカーや工場にその大部分を**外部委託**（アウトソーシング）しています。これに対して、ZARAはどんなところを内製化してスピードと柔軟性を高めたのでしょうか？

≫ 内製化でボトルネックを解消

ZARAはまず、試作品作成用のアトリエ（サンプル作成室）をデザインルームに併設させ、デザイナーがデザインした商品の試作品をすぐにつくることができるようにしました。試作品の確認が取れ次第、あらかじめ自社倉庫に備蓄しておいた生地を同倉庫で量産用に裁断します。同じく用意しておいたボタンや裏地などの附属とセットにし、そのままどこの縫製工場に持っていっても、すぐに縫い始めることができるようにパッケージにして、委託工場に届けます。委託工場で縫い上がった完成品は自社倉庫に回収し、品質検品、補修、アイロンがけ、店頭販売に必要な値札や在庫管理のためのRFIDタグの入ったセキュリティタグをつけて、週2回同じ曜日に、全世界の店舗に向けて出荷されます。

一般のアパレル企業では、この試作品作成のためのアトリエ、素材倉庫、裁断工場、検品、補修、アイロンがけ工場、出荷のための仕分け倉庫……これらは通常、複数にアウトソーシングされていることがほとんどです。それに対してZARAは、それぞれ中継のところで起こるタイムロス、業者による時間のサバ読み、滞留時間（これらをボトルネックと呼びましょう）を惜しみ、自らコントロールできるように**内製化**することで、他社には負けないスピードでトレンドファッションをつくり、届けているのです。

自前主義（内製化）とアウトソーシング主義（ファブレス）

　このサプライチェーンマネジメントは内製化を中心とする自前主義のZARAだけでなく、アウトソーシング主義のユニクロのような会社でも実践されています。内製化は、設備投資の資金がかかり重荷になりますが、メリットは、自社にとって都合のよいように流れをデザインし、効率よく運用することで、より制御がしやすくなり、スピードを高めることができることです。ファッションビジネスにおいては、商品のデザインや品質も大事ですが、販売期間が短いため、変化に対応できるスピードと柔軟性は利益を高める上でますます重要になります。

　図表8はZARAとユニクロのサプライチェーンの内製とアウトソーシングの比較です。

図表8）内製とアウトソーシングの比較

商品開発　エンジニアリングチェーン	ユニクロ	ZARA
デザイン	○	○
型紙	○	○
試作品	×	○
壁紙グレーディング	○	○

製造工程　サプライチェーン	ユニクロ	ZARA
原糸	×	×
生地	×	×
染色	×	×
素材・附属（ボタン・裏地）	×	一部自社備蓄
裁断	×	○
縫製	×	×
アイロン仕上げ	×	○
品質検品	×	○
店舗仕分け	×	○
国際輸送	×	○
現地倉庫	一部自社	直送
店舗	○	○

○は内製
×はアウトソーシング

ユニクロはアウトソーシング先とパートナーシップを結んでうまく活用する（ファブレス）のに対して、ZARAは本業ではない素材・原料の製造や、汎用的な工程である縫製は委託先にアウトソーシングするものの、サプライチェーンのボトルネックと言えるスピードが求められる部分を内製化することで、製品のアウトプットのスピードと柔軟性を自らコントロールしているのです。

インディテックス（2022年1月期）〔BS〕

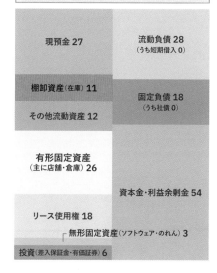

現預金 27

棚卸資産（在庫）11

その他流動資産 12

有形固定資産（主に店舗・倉庫）26

リース使用権 18
└ 無形固定資産（ソフトウェア・のれん）3
投資（差入保証金・有価証券）6

流動負債 28（うち短期借入 0）

固定負債 18（うち社債 0）

資本金・利益余剰金 54

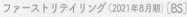

ファーストリテイリング（2021年8月期）〔BS〕

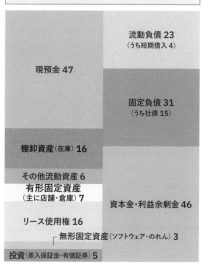

現預金 47

棚卸資産（在庫）16

その他流動資産 6
有形固定資産（主に店舗・倉庫）7

リース使用権 16
└ 無形固定資産（ソフトウェア・のれん）3
投資（差入保証金・有価証券）5

流動負債 23（うち短期借入 4）

固定負債 31（うち社債 15）

資本金・利益余剰金 46

　自前主義とアウトソーシング主義の違いは、両社の貸借対照表（BS）の左側、資産の有形固定資産に表れます。有形固定資産は、土地建物、店舗内装、機械設備などですが、インディテックスは無理、無駄、淀みがなくリズムのあるスピード物流を実現するため、土地建物、つまり店舗以外に内製化したサプライチェーン施設にも投資をしています。2022年1月期、自前主義のインディテックスが保有する有形固定資産は日本円換算で約9670億円、売上高に対して26％相当の資産を保有して事業運営しています。一方、アウトソーシング主義のファーストリテイリングの有形固定資産は2022年8月期で1680億円、店舗関連が中心で同期の売上高の7％相当です。売上規模は1.8倍の差があり

ますが、有形固定資産の差は5.7倍あることからも、内製化主義とアウトソーシング主義の違いが見て取れます。

　そしてその結果インディテックスでは、在庫リスクが大きいトレンドファッションのサプライチェーンマネジメントがうまく機能して、PL側の高い利益率を生み、それがまた未来の成長のための投資に回す資金として積み上がっているのです。

　継続的な設備投資と、それが未来の利益につながっていることは、インディテックスのキャッシュフロー計算書（CF）にも表れています。

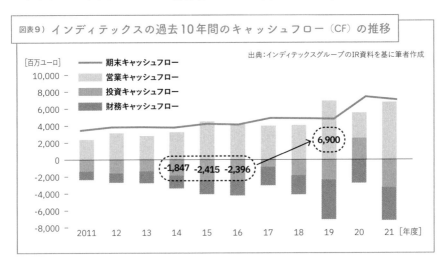

図表9）インディテックスの過去10年間のキャッシュフロー（CF）の推移

出典：インディテックスグループのIR資料を基に筆者作成

[百万ユーロ]
期末キャッシュフロー
営業キャッシュフロー
投資キャッシュフロー
財務キャッシュフロー

-1,847　-2,415　-2,396

6,900

　同社は2014年度から2016年度にかけて、スクラップ＆ビルドによる店舗の大型化（小規模店舗を閉鎖して、大型店舗を出店）と、消費者購買行動の変化に対応するための店舗とオンラインの統合プロジェクトに投資を行いました。この結果2019年度には過去最大の営業キャッシュフローを生んでいることがわかります。2020年のコロナ禍を経て、また投資キャッシュフローが拡大しています。これから数年後の飛躍が楽しみです。

ユニクロよりもZARAに近い日本の製造小売企業は？

　同じアパレル製造小売業として、ZARAのインディテックスのビジネスモデルはユニクロのファーストリテイリングと比較されることが多いですが、実はユニクロよりもZARAに近い製造小売業モデルの企業が日本に存在します。

　それは、ホームファッション業界の雄、ニトリです。

　ニトリは購買頻度が低いゆえに在庫回転が悪い、家具からビジネスをスタートしました。その後、顧客の購買頻度を高めるために、季節ごとに取り換えるカバーなどのシーズン商品や、家の中の消耗品などに取り扱いアイテムを広げます。さらに、メーカーに頼らず商品を自社開発（プライベートブランド）することで、家具にとどまらない、シーズナルなファッションアプローチのマーチャンダイジングを実現して、拡大を続けてきたのです。

　実はニトリも、同じ製造小売業ということでユニクロと比較されることが多いですが、同社はユニクロのようなアウトソーシング主義ではなく、内製化を進める自前主義です。ニトリのPLとBSを、ファーストリテイリングとインディテックスのそれらと比べたのが次ページの図です。

　高い利益率は、購買頻度が低いゆえ1回の販売で粗利益をしっかり取ろうとする家具業界の特性の1つなのですが、一方、期末在庫を1日あたりの売上原価で割った在庫日数が74日と、ファーストリテイリングと比べても格段に短いことに驚かされます。

　これは、ニトリがサプライチェーンマネジメントを内製化中心で行っているためで、BSを見ると有形固定資産が大きいのがわかります。ニトリは多くの店舗を自ら取得し、物流施設を内製化しています。そして一部の商品は、中国や東南アジアに自社工場を保有して自ら製造しているのです。

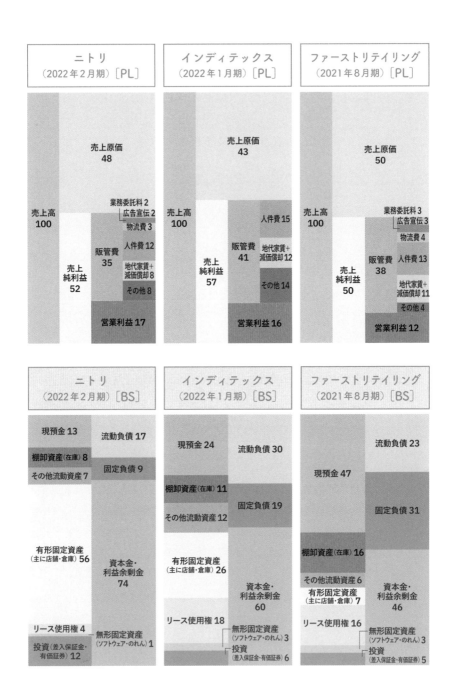

SUMMARY ◯

ゲームチェンジャーは
サプライチェーーンマネジメントに投資する。
在庫リスクマネジメントは
高収益を生むビジネスモデルそのものである。

　在庫リスクをコントロールするサプライチェーンマネジメントは、実需に合わせた適材／適所／適時／適量マネジメント。半年前の需要予測に基づく見込み生産に賭けるのではなく、最小限の見込み生産と素材を準備した上で需要連動生産を組み合わせることで、在庫リスクを軽減する。

　柔軟性とスピードを高めるための内製化には投資が必要。少量生産（スモールバッチ）による需要連動生産は、生産コストは高くなるが、コスト増よりも遥かに大きい値下げを抑えることができれば、最終利益は増加し手元資金が増えて投資に回すことができる。

(ゲームチェンジャーからの学び) ....

- 販売期間の短いシーズン商品の見込み生産（つくりすぎ）は値下げと売れ残り在庫のもと。

- リードタイムを短縮するため「ボトルネック」を内製化によりコントロール。

- 素材やパーツを用意し、小ロットでつくり届けられる生産体制を整え、需要連動生産で販売機会を逃さない。

- 大量生産で安くつくるより、多少コストが高くなっても必要な分だけつくり足す方が最終利益は増加する。

決算書を読む着眼点
年平均成長率（CAGR）

　企業の成長を単年度、前年対比ではなく、過去数年間の年平均成長率で見ることを習慣づけてくれたのは、筆者が2014年に『ユニクロ対ZARA』の取材のために、インディテックスの本社（スペイン、ガリシア州）を訪れた際、同社の広報本部長に指摘されたある一言でした。

　同社を取材するにあたり、同社の上場以来の決算書の数字に目を通してきた筆者が、売り上げや利益が落ち込んだ後に見事に回復することを繰り返してきた同社に、「その時どんな施策を行ったのか？」という質問をぶつけた時でした。すると、広報本部長は「我々の業績を単年度で見ないでほしい、売り上げも利益も3年平均成長率で考えている」と切り返してきたのでした。同社の業績を時系列で見てみると、何年かに一度は、異常気象や金融危機などで、業績が落ち込む年があります。同社はそんな年こそ、じたばたと頑張り過ぎず、以後の成長のための踊り場と位置付けて、淡々と準備をすることで数年後に躍進することを繰り返してきたのでした。そして、それらの業種を3年平均成長率で見てみると驚くほど見事に着実な成長を続けていたのです。

　企業の業績は報道機関や株主の目もあり、前年比という短期で一喜一憂することが多いようですが、3年スパン、つまり中期の視野で見ることが、持続可能な経営が続けられる秘訣ではないか？　そんなことに気付かされたものでした。その後、企業分析においては、年平均成長率（CAGR）を見るようになりました。

　これはExcelでも計算できます。

■CAGRの計算式＝（N年度の数値÷比較初年度の数値）^{1÷(N-1)}-1

APPAREL
GAMECHANGER

SHEIN
（シーイン）

産地直送でリードタイムを短縮し
中間コストを削減

＃産地直送　＃越境EC　＃生産地　＃無店舗

＃オンラインマーケティング　＃インフルエンサー

＃KOL　＃KOC　＃SNS　＃アフィリエート　＃ABテスト

＃SEOエンジニア　＃少量生産　＃リードタイム短縮

＃サプライチェーン　＃DtoC

GAME
CHANGER　**SHEIN**（シーイン）

THEME　産地直送でリードタイムを
短縮し中間コストを削減

これまでの常識

経済大国に照準を定め、人件費の安い国で大量生産。
多店舗集中出店、大量販売で
マーケットシェアを高める

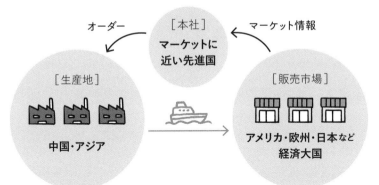

オーダー　　［本社］　　マーケット情報
マーケットに
近い先進国

［生産地］　　　　　　　　　　［販売市場］

中国・アジア　　　　　　　アメリカ・欧州・日本など
経済大国

人件費の安い国で大量生産　　　多店舗集中出店、大量販売

- ✓ 価格競争が激しくなるほど産地が遠くなり、
リードタイムは長くなる！
- ✓ 販売期間が短い商品の在庫リスク増大

創業者は
アパレル小売業
出身

チェンジ

本章の概要

生産リードタイムの常識を変え、産地から消費者の要望をダイレクトに確かめ、サプライチェーンの究極ショートカットでつくり、顧客に直接届ける。コストは下がり、無駄な流通在庫も抱えない。

ゲームチェンジャーの新常識

**SNSマーケティング、ウェブクローリングで
世界の需要を探りオンラインテスト販売を繰り返す。
越境DtoC通販で世界の消費者に直接販売**

✓ 産地からオンラインマーケティング
✓ リードタイムを短縮し、顧客の需要に柔軟に対応
✓ 店舗を介さず顧客宅に直接届ける

創業者は
SEOエンジニア
出身

ザ・ゲーム CHANGE THE GAME

これまでの常識

■ 欧州、アメリカ、日本などの経済大国（ビッグマーケット）に照準を定めて多店舗出店し、知名度とバイイングパワーを強みに人件費の安い国で欧米のトレンドファッションとベーシック商品を大量につくって、市場最低価格で大量販売する。ローカルチェーンからシェアを奪いながら拡大するのがグローバルチェーンの常套手段（グローバル資本主義マーケット）。

例：H&M、GAP、ユニクロなど。

パラダイムシフト

■ オンラインビジネスの機会拡大、ユーザー参加型SNSの発達。世界のどこにいても消費者につながることができ、オンライン行動がつかめるようになった。

■ チェーンストアは店舗を拠点にPOSデータに基づき週次管理するのが基本。オンラインではリアルタイムデータに基づいた顧客の購買行動が分析可能。

■ リアルタイム対応でスピーディ、無店舗で固定費が少ないため競争力のある価格設定可能なEコマース（EC）企業が台頭。

ゲームチェンジャーの新常識

■ 豊富な素材とたくさんのサプライヤーが集まる中国一大産地、広州に拠点を置き、アジアのシリコンバレー深圳のエンジニアを活用して、世界の消費者に最先端級のオンラインマーケティングを実施。リアルタイムに世界の需要を探り、最速でつくり、越境ECで世界の消費者にダイレクトに届ける流通。コストを極限までショートカットした最新イノベーションモデル。

> **急成長の理由** **SEOマーケッターによる産直越境DtoC**
>
> オンラインのリアルタイム情報を解析して需要をつかみ、中間流通とリードタイムを限りなく短縮して、世界の顧客に毎日、新しいファストファッションを提供。テスト販売を繰り返して、量産生産量を決定する。新しいアパレルビジネスというより、まるでオンラインソーシャルゲーム。

産直越境ECによる
リードタイム短縮で
急成長を続ける
SHEIN
シ ー イ ン

チャプター2では世界のオンライン市場で急成長を続ける、中国発産直越境EC型**ウルトラファストファッションブランド**、**SHEIN**（運営はロードゲットビジネス、本社シンガポール）のビジネスモデルを紹介します。同社は非公開企業のため正確な財務内容は把握できません。しかし、急成長中のビジネスモデルのため、本章では世界の有力メディアの情報と類似ビジネスとの比較、筆者独自の取材を総合して、その輪郭に迫ることを試みたいと思います。

図表1は過去6年間の推定売上推移です（日本経済新聞やRetail weekなどの推定値を参考に筆者作成）。

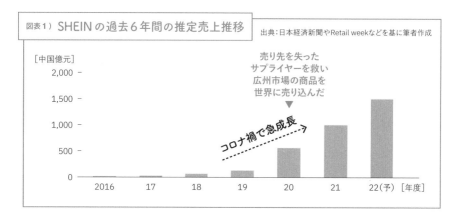

図表1） SHEIN の過去6年間の推定売上推移　　出典：日本経済新聞やRetail weekなどを基に筆者作成

[中国億元]

売り先を失った
サプライヤーを救い
広州市場の商品を
世界に売り込んだ

コロナ禍で急成長

2016　17　18　19　20　21　22（予）［年度］

　グラフの数字は複数のメディア報道の情報を集約して筆者が推定した値になりますが、これらの推定値が現実に近ければ、SHEIN は2022年までの過去5年の間に年平均成長率119％で伸び続け、50倍の規模に拡大することになります。

図表2） 世界アパレル専門店の売上ランキングトップ10　　出典：筆者作成

順位	企業名	売上高	19年比増減率	営業利益	19年比増減率	期末店舗数	EC化率
1	**インディテックス**（西、2022.1期）	3兆5659億円	-2.0%	5509億円	-10.3%	6477	25.5%
2	**H&M**（スウェーデン、2021.11期）	2兆4341億円	-14.6%	1867億円	-12.1%	4801	32.0%
3	**ファーストリテイリング**（日、2021.8期）	2兆1329億円	-6.9%	2490億円	-3.3%	3527	18.0%
4	**GAP**（米、2022.1期）	1兆9278億円	1.9%	935億円	41.1%	3399	39.0%
5	**プライマーク**（アイルランド、2021.9期）	8653億円	-28.2%	642億円	-54.5%	398	0%
6	**ビクトリアズシークレット**（米、2022.1期）	7831億円	-9.7%	1003億円	黒字化	899	35.0%(e)
7	**NEXT**（英、2022.1期）	7522億円	11.5%	1393億円	16.7%	477	63.8%
8	**ルルレモン**（加、2022.1期）	7221億円	57.2%	1538億円	49.9%	574	44.0%
9	**しまむら**（日、2022.2期）	5836億円	11.8%	494億円	115%	2204	0.5%
10	**アメリカンイーグル**（米、2022.1期）	5783億円	16.3%	682億円	153%	1133	36.1%

※コロナ禍の2020年度は比較対象としてふさわしくないため、2019年比増減で表した。
※各社の決算当月の為替レートで円換算。

　2021年度の推定値は日本円換算で1.8兆円（1中国元＝18円で換算）となり、世界トップ5入りし（図表2）、2022年度は一気にH&Mやファーストリテイリングを抜き、世界一のインディテックスに近づく勢いで躍進中です。

　急成長中の新しいビジネスモデルとして成長を期待され、米調査会社CBインサイツが集計した世界ユニコーン企業ランキングで、2022年春に投資ファンドが出資した最新ラウンドの出資金額からはじいた時価総額は1000億ドルに上るようで、TikTokの「バイトダンス」、イーロンマスクが経営する宇宙産業ベンチャー「スペースX」に次ぐ世界第3位のユニコーン企業として取り上げられてから、世界で注目されるようになりました。

　同社は、世界の工場である中国の一大アパレル産地、広州に生産拠点を置き、同じ広東省のアジアのシリコンバレーと呼ばれる深圳のIT技術者層を背景に、世界最先端クラスのオンラインマーケティング技術を駆使するアパレルEC企業です。世界各地のファッション好きな消費者の購買行動や潜在需要をオンライン上でつかみ、少量生産、テスト販売を経て量産というパターンを繰り返し、店舗を持たず越境ECのみで世界約150カ国向けにビジネスを拡大しています。競争が激化しすでにレッドオーシャン市場となった世界第2位の経済大国、中国国内では、あえて販売を行っていないことも興味深い特徴の1つです。

グローバルチェーンの常識を覆す店舗を持たない見えない敵

　これまで、グローバルに拡大するアパレルチェーンと言えば、アメリカや欧州、日本、中国のような経済大国市場に向けて、人件費の安い中国、アジアを中心とした新興国で生産する企業が一般的でした。多店舗展開で大量販売するバイイングパワーを強みに低価格品を大量生産し、ローカルチェーンを駆逐しながら各国のシェアを拡大していくのが常套手段でした。

これに対して、SHEINは店舗を持たず、オンライン経由で一般顧客に直接販売するEC型の低価格ファッション事業です。オンラインを主戦場に低価格販売するファストファッションブランドは、世界市場にファストファッションを浸透させたH&Mらよりも低価格かつ高速回転で商品を提供し、売り切っていくことから、「ウルトラファストファッション」と呼ばれます。

≫ ファストファッションの世代交代

　1990年代の後半から2010年代にかけて、欧州を起点にグローバルに急成長したファストファッションの雄、H&Mは、2000年からアメリカで、2008年に日本上陸後は東アジアでファストファッションブームを巻き起こしました。

　しかし、2015年以降は中国やアメリカにおける大量出店によって売上高を伸ばすものの、過剰出店による店舗効率の低下やEC化に乗り遅れ、収益性を落としていきます（図表3）。

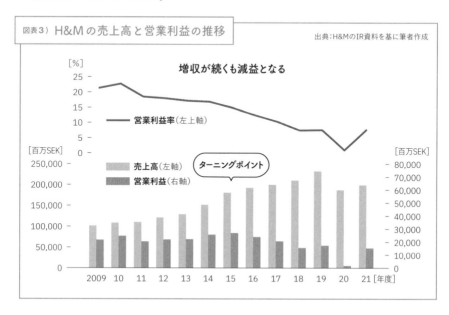

図表3）H&Mの売上高と営業利益の推移

出典：H&MのIR資料を基に筆者作成

　その陰には、欧州の競合ファストファッションチェーン、プライマーク（先の売上ランキングで世界5位）の台頭に加え、イギリス発のEC専業のASOS、boohooなどのウルトラファストファッション勢の登場もあったと考えられます。

　そこに追い打ちをかけるように、2010年代後半になって、中国のアパレル一大産地である広州から、店舗を持たずにアメリカ、欧州などH&Mが得意とする世界市場に攻め込むSHEINの急速なグローバル展開が始まります。

チェーンストア型とEC型のビジネスモデルの違い

　SHEINのビジネスモデルはどんなPL構造なのでしょうか？　店舗を展開するチェーンストアと、店舗を持たずにオンラインのみでビジネスをするウルトラファストファッションのビジネス構造をPL比較したのが、下の図です。

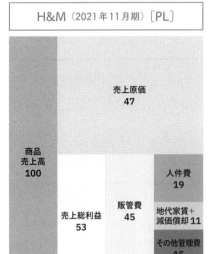

H&M（2021年11月期）［PL］

売上原価 47
商品売上高 100
売上総利益 53
販管費 45
人件費 19
地代家賃＋減価償却 11
その他管理費 15
営業利益 8

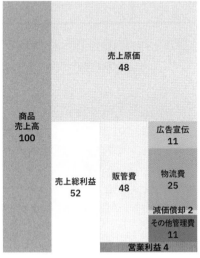

Boohoo（2022年2月期）［PL］

売上原価 48
商品売上高 100
売上総利益 52
販管費 48
広告宣伝 11
物流費 25
減価償却 2
その他管理費 11
営業利益 4

産地直送でリードタイムを短縮し中間コストを削減

店舗を展開するチェーンストアに比べ、EC型の企業は店舗を持たない分、集客のための広告宣伝費や顧客に商品を届けるための個配物流費に販売管理費の多くを費やしているのがわかります。SEO、インフルエンサーマーケティングに多額のコストをかけ、世界の顧客宅にダイレクトに届けるSHEINのビジネスモデルも、広告宣伝費と物流費が販売管理費の多くを占めるBoohooのビジネスモデルに近いものと推測されます。

デジタルマーケティングに長けた経営者によって創業された新しいアプローチ

ここからは、中国、アメリカ、イギリスの有力メディアの情報を基にSHEINがどんな生い立ちでどのようなオペレーションを行っているのかを解き明かしていきたいと思います。

SHEINは2008年、中国南京で許仰天（クリス・シュー）氏と他数人のパートナーによって創業された南京希音電子商務有限公司が展開するウルトラファストファッションブランドです（現在はシンガポールに登記移転）。

許氏は1984年生まれ。青島科学技術大学でコンピューターを専攻し、2007年に卒業後、外国貿易のオンラインマーケティング会社で**SEO**（検索エンジン最適化）**エンジニア**としてキャリアをスタートし、自身でオンラインマーケティング会社を起業した後に、現在のSHEINの前身企業に参画します。

その出自から多くのアパレル業出身の創業者たちとは違うアパレルビジネスへのアプローチが見られます。それは、ビッグデータに基づきテストを繰り返しながら、データに基づいて効率を重視しながら判断、アクションを起こしてグロース（拡大）するという、より合理的なビジネスアプローチです。

許氏は世界的な金融危機の後、2008年にオンラインアパレルビジネスを起業しますが、最初はウェディングドレスのビジネスからスタートしますが、そ

の後、2012年から現在のSHEINの屋号で若い女性向けの低価格ストリート
ファッションを中心に販売するビジネスに転換します。

　中国経済メディア晩点LatePostによれば、当初は広州のアパレル問屋市場
で既製品を販売するメーカーらと交渉し、人気のありそうな商品の画像を撮ら
せてもらい、自前のアメリカ市場向けのオンライン越境通販サイトに掲載しな
がら、その後、顧客から注文が入ったら問屋に現物在庫を買い取りに行き、海
外の顧客向けに配送するという「売れてから仕入れる」無在庫買付型のビジネ
スをしていたそうです。

インフルエンサーマーケティングの先駆け

　起業時からSNSの**インフルエンサー**の活用に長けており、例えばLookbook.
nu（ストリートファッション系のインフルエンサーマッチングサイト）で有望なインフル
エンサーの卵を見つけては無償で商品を提供し、彼女たちの着用画像にハッ
シュタグをつけて同社のサイトへ誘導してもらい、成果報酬のアフィリエイ
ト料を支払うことで顧客流入を図ります。Google広告、YouTube、Facebook、
Instagram、Twitter、Pinterest、TikTokと、各国の顧客ターゲットと時代にあ
わせたSNSを集客に活用したようです。

　SHEINは後に買収して傘下に収めるブランド、ROMWEとともに、中国で最
も早くから海外のインフルエンサーマーケティングを活用したブランドの1つ
と言われています。

　2014年末、受注量が急増し、いよいよ従来の仕入れ手法では出荷作業が追
いつかなくなります。売り逃しが多くなり、その結果マーケティングコストだ
けが高騰していくことが許せなかった許氏は、何とか供給を需要に追いつかせ
るべく、サプライチェーンの見直しを考えます。それが中国の一大アパレル産
地である広州に本格的なサプライチェーン拠点をつくるきっかけでした。

世界最大のアパレル産地の１つである広州に サプライチェーン拠点を構築

　まもなく、広州にデザインチームをつくり、自ら商品企画とパターン作成を スタートします。２年後の2016年には、800人ものチームがオンライン上か ら需要をつかみ、すぐに服をデザインしてプロトタイプサンプルを作成し、数 多くの協力工場と商談ができる体制が整います。

　SHEINのデザイナーたちは、多くのファッションデザイナーがそうするよ うに、欧米ファッションウィークやカンファレンスのビデオを見ることはもち ろん、毎日Googleトレンドを活用して世界の顧客の関心事（検索キーワード）を リアルタイムでとらえ、さまざまな競合人気アパレルサイトを定期的にクロー リングしてホットトレンド情報を収集します。アリババの1688.comなど現物 在庫を販売する中国のオンライン問屋サイトも活用しますし、国内チェーンや 中国に進出するグローバルチェーンのオフラインストアの定点観測を行って製 品も購入します。需要に影響を与えそうなあらゆる情報を総合し、これから人 気になりそうな色、デザイン、価格を分析します。

　デザイナーとバイヤーは、さまざまなチャネルから収集した情報を手がかり に、人気が出そうな要素を組み合わせて新しい服をデザインし、試作品をつく りながら、協力工場に連絡してすぐに生産できる素材や流用できそうな似寄り の服の原型があるかどうかを確認していきます。

　広州という、世界最大級の生地在庫を抱える生地市場と中小縫製工場が数多 く存在するアパレル産地に拠点を置くことで、需要をつかんだら生地在庫を 必要な分だけ確保し、短期間で製品をつくり出荷ができる環境が整っています。 そのため、最初からむやみに大量の見込み生産をして在庫リスクを抱える必要 はありません。

アパレルビジネスの需要判定にABテストを応用

　SEOマーケッターである許氏は、アパレルビジネスを在庫リスクを負うことを前提としたビジネスとしてではなく、オンラインマーケティングの基本であるABテストから始めます。

　ABテストとは、効果的な広告を検討するにあたり、どんな要素に顧客がより反応するかを明らかにし、効果が高い方を選択する手法です。異なる要素を持った2つ以上の対象物を顧客にランダムに見せ、より高い反応を示した方を採用することで、広告費用の投資対効果の改善を加えていくマーケティング手法の1つです。

図表4）ABテストのイメージ

A　CVR **12%**

VS

B　👑 CVR **24%**

※CVR：コンバージョンレート。

　同社では新商品の開発にあたり、協力サプライヤーとともに、まずテスト販売用に1つのデザインあたり100枚から200枚程度の製品をつくります。あえて候補デザインを絞り込まず、どちらが売れるか迷う時は両方つくって、どれがいいかは顧客に聞け、と考えます。

　デザインチームが商品企画を始めてから、サイトに掲載して販売を開始するまでの期間はわずか2〜3週間。テストは多民族国家でありSHEINにとっての最大マーケットであるアメリカで行い、その結果を見て、その後、他の地域に拡大することも多いようです。

　SHEINは実際にオンライン販売をしてみて、顧客の反応が良かった人気商

品を、各種データから読み取り需要を予測します。大きな売り上げが見込める
と思ったものは大量生産を行う。そんな意思決定を繰り返すことで、最初から
過剰生産や売れ残りリスクを抱えることを回避しながら、顧客お墨付きの人気
商品を量産して急成長を続けてきたのです。

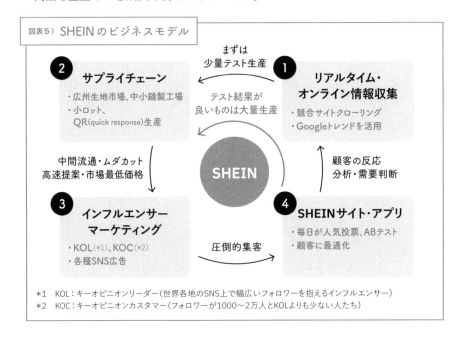

図表5）SHEINのビジネスモデル

まずは
少量テスト生産

2 サプライチェーン
・広州生地市場、中小縫製工場
・小ロット、
QR(quick response)生産

テスト結果が
良いものは大量生産

**1 リアルタイム・
オンライン情報収集**
・競合サイトクローリング
・Googleトレンドを活用

中間流通・ムダカット
高速提案・市場最低価格

SHEIN

顧客の反応
分析・需要判断

**3 インフルエンサー
マーケティング**
・KOL(*1)、KOC(*2)
・各種SNS広告

圧倒的集客

4 SHEINサイト・アプリ
・毎日が人気投票、ABテスト
・顧客に最適化

*1　KOL：キーオピニオンリーダー（世界各地のSNS上で幅広いフォロワーを抱えるインフルエンサー）
*2　KOC：キーオピニオンカスタマー（フォロワーが1000〜2万人とKOLよりも少ない人たち）

サプライヤーが取り組みやすくするための工夫

　ここで、アパレル生産に携わったことがある人なら、たったの100枚ずつ
の商品を依頼する同社の要望に、どうして協力工場は対応してくれるのか、と
いう疑問が湧いてくることでしょう。

　同社が取ったのは、サプライヤーの立場に立った対応です。
　1つはサプライヤーがたった100枚の製造でも損が出ないように利益補填を

行うことです。

　同時にデザイナーとパタンナーを自ら抱えることで、試作品作成や型紙作成などの面倒なことはSHEIN側が行って、サプライヤーに提供することでサプライヤーの手間を省きます。

　そして、支払いが早いことです。SHEINとの取引は販売単価が安いため、納品価格は低く薄利な取引ですが、サプライヤーにとってSHEINとの取引の魅力は商品代金は必ず約束通りの期日にきっちり支払うという取引の健全さです。支払日が週末に重なるような場合は、翌月曜日支払ではなく前倒しで金曜日のうちに支払うなど、サプライヤーが快く協力してもらえるように気を配っているようです。

SHEINがとるサプライヤー支援
①少量生産の利益補填　②試作品・型紙提供　③期日通りの支払い

　期日通りにきっちりお金を払ってくれるバイヤーがそう多くないと言われる中国で、SHEINのような支払い姿勢はサプライヤーにとってありがたいものです。

　また、昨今の中国での人件費高騰、コスト高から、あっさり生産拠点を中国から東南アジアに移してしまうバイヤーも少なくない環境下、常に将来に不安を感じている広州のサプライヤーに対してSHEINは、中国広州から生産拠点を国外に移すことなく、当地でつくることにこだわりました。

　それは、同社のビジネスモデルがアパレル産地である広州の目の行き届く範囲で素材から縫製まで調達でき、極限までロスタイムをそぎ落とすことで柔軟でスピーディな対応が可能となるサプライチェーンがあってこそ成り立つからに他なりません。

　コロナ禍で世界および中国国内のアパレル需要が落ちる中でも、広州のアパレル製品をオンライン経由で世界の消費者に売り続けたSHEINは、サプライヤーにとってありがたい存在だったのです。これにより、救われたサプライヤーも少なくなかったと言います。

≫ SHEINと伴走するサプライヤーたち

　これらの対応は、多くのサプライヤーがSHEINのビジネスに前向きに取り組むモチベーションにつながったようです。実際、SHEINが2015年にサプライチェーン拠点を同じ広州市内の番禺区（パンユー）という地域に移す際、サプライヤーに対して「（仕入れ先は）番禺区から車で2時間以内のところにあることを推奨する」という告知を行ったところ、多くのサプライヤーがSHEINのためにその近隣に拠点を移転したという話もあるくらいです。

　そして、そんなサプライヤーに対してSHEIN側も期待を裏切ることなく、2015年に新たに中東マーケットを開拓し、同市場での売り上げが2017年にブレイクすると、サプライヤーに多くのオーダーと受注をもたらしたそうです。

　2018年から2019年には中間業者のない工場との直接取引シェアが75％に拡大。商品生産の引き合い、デザインの確認、商品の発注から生地など原材料の管理、生産工程、納品までのプロセスは、SHEINが開発した高度なサプライチェーンシステムで可視化され、管理されているようです。

　また、品質管理向上のために日本や韓国で大手アパレル生産に携わった技術者をサプライヤーに派遣して、納期遵守や不良品率の改善に努めるなど、サプライヤーのレベルアップにも努めています。工場のランクはSからDまでで評価し、全体の下位30％、60点未満のDランクの工場は常に入替対象にするなど、品質と納期の改善にこだわります。

　広州を起点としたファストファッション製品を世界中の消費者に販売するための世界最先端のサプライチェーンの取り組みの結果、現在同社の番禺区にあるサプライチェーンセンターから車で2時間以内の範囲に2000社ほどの仕入れ先があり、まさしくSHEIN城下町のようなものが形成されているそうです。

SHEINのサイトはファッションの人気投票会場

このような高速で回すことのできるサプライチェーンを背景に、毎日数千も
の新作モデルをリリースし、常時数十万におよぶSKU（Stock Keeping Unit：商品の
最小管理単位）を販売するSHEINのサイトは、まさしく毎日が新商品の人気投票
の場です。掲載商品の8割以上が100〜200枚しかつくらないテスト販売品。
そのうち各種データから需要が大きく見込めると判断された1〜2割程度の商
品が、リードタイム1週間から10日程度で市中にある素材を活用し、大量生産、
拡販されることになります。

図表6) SHEINの商品カテゴリーとグローバル展開

SHEINでは現在、SHEIN以外に9つの商品ライン（計10ライン）を展開する。

SHEIN	20歳前後の若者向けストリートファッション
ROMWE	ヨーロッパテイストのアバンギャルドなカジュアルファッション
MOTF	大人向けの高級感のある服とアクセサリー
EMERYROSE	大きいサイズの婦人服
Dazy	キレイめな韓流テイストアパレル
SHEGLAM	コスメ＆ビューティーアイテム
GLOWMODE	ヨガアスレチックスポーツウエア
CUCCOO	婦人向けファッションシューズ
Luvlette	婦人向けランジェリー
PETSIN	犬猫用品

世界各国の市場へ浸透

アメリカ市場向けの販売からスタートしたSHEINですが、2021年時点で

はアメリカとEUが最大マーケットでそれぞれ売上シェアは約30％、中東17％、その他23％と推定されます（36Kr）。

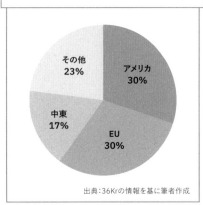

図表7）SHEINの推定地域別売上シェア（2021年度）

アメリカ 30％
EU 30％
中東 17％
その他 23％

出典：36Krの情報を基に筆者作成

Earnest Researchの調査によれば、最大のマーケットであるアメリカにおいては、同国のファストファッションマーケットでこれまで最大シェアを誇っていたH&Mを抜いて28％のシェアとなり、日本円換算で5180億円相当の売り上げになったとみられます（H&Mが公開するアメリカでの年間売上高をH&Mのアメリカファストファッション市場でのH&Mのシェア21％で割り返して市場規模を算出し、SHEINのシェアを掛けて試算）。

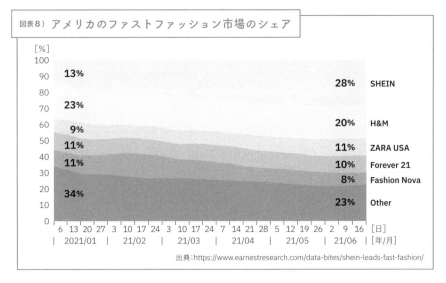

図表8）アメリカのファストファッション市場のシェア

[%]

	2021/01	21/02	21/03	21/04	21/05	21/06	
13%						28%	SHEIN
23%						20%	H&M
9%						11%	ZARA USA
11%						10%	Forever 21
11%						8%	Fashion Nova
34%						23%	Other

6 13 20 27 | 3 10 17 24 | 3 10 17 24 | 7 14 21 28 | 5 12 19 26 | 2 9 16 ［日］

出典：https://www.earnestresearch.com/data-bites/shein-leads-fast-fashion/

これらのシェアや金額の情報を総合すると、2021年のSHEINのグローバル売上高は1兆8000億円相当という試算が成り立ち、2兆円が目前になってい

る他メディアの推定値に近い金額になります。

同社は、2022年からは日本とブラジルを注力マーケットと位置付けている そうです。2022年10月に期間限定の**ショールーム店舗**を大阪心斎橋筋入口（す でに期間を終え閉店）に、2022年11月には常設のショールーム店舗を裏原宿にオー プンしました。これは商品を販売する場ではなく、商品を見て、触って、試着 してもらい、ECから購入してもらうための店舗です。

SHEINの革新性

SHEINが従来のグローバルファッションチェーンに対して革新的な点を、世 界一のZARAとも比較しながら、考察してみたいと思います。

まずは情報取得とアクションのスピードです。創業者がSEOエンジニア出 身であることで、会社全体がオンラインマーケティングに長けたマーケッター 思考であるということです。従来の小売業の販売管理は週次管理が中心です が、オンライン企業であるSHEINはリアルタイムに競合サイトをクローリン グし、Googleトレンドを活用してリサーチを行い、ビッグデータを解析して 商品開発の参考にしていきます。深圳には1000人を超えると言われるIT技術 者を抱えているそうです。

世界一のZARAでこそ週2回転のリズムで業務を回し、業界の中でも高速と 言われているのに対して、リアルタイムに情報をつかんで動き始められるこ とは、大きなアドバンテージになります。

次に高速サプライチェーンが構築できていることです。産地を拠点にした垂 直統合型のサプライチェーンにおいて、同社はリーダーシップをもってサプ ライヤーが対応しやすい生産環境整備を行っています。チェーンストアの多く は販売市場の近くに本社機能を置き、一方で生産地は遠く離れたところにあ

るケースがほとんどです。そのため、リモートでのサプライチェーンの管理に苦労し、リードタイムは長くなりがちに、遅れがちになるものです。一方SHEINは、アパレル生産のボトルネックの1つである素材の産地の近くに拠点を置くことで、素材調達時間が短縮できます。さらに車で2時間以内のところに主力縫製工場を集め、コミュニケーションや縫製リードタイムを短縮します。さらに自社のデザイナーとパタンナーが協力工場の代わりに試作品と型紙を作成して供給することで、縫製工場の手間とコストを省き、生産前の滞留時間を削減します。

また、サプライヤーが少量生産をするにあたって損をしないようにファイナンスを行い、商品企画、問い合わせ、発注、生産、入荷までをサプライチェーンシステムで可視化して管理することで、納期遅れを防ぎ、安心して取り組めるなど、かゆいところに手が届くサービスを提供しています。納期遵守とコストにはシビアであるようですが、バイイングパワーで下請けに面倒なことを押し付けるのではなく、柔軟性とスピード重視で、サプライヤーの立場で考えています。この点はスペインに拠点を置くZARAも近いところがありますが、ZARAにとっての近隣国生産は自国スペイン以外に隣国ポルトガル、モロッコ、そしてトルコと広域にわたります。SHEINの場合は広州から車で2時間以内の範囲にほとんどのサプライヤーがいるため、距離がより近いことで可能になる柔軟性だけでなく、人件費の安さもあります。スペイン近隣に比べれば中国広州の方がコストメリットがあると言えるでしょう。

≫ リスクを最小限にするプロセス

続いて、販売にあたって必ずテスト販売をしてから量産を進めるプロセスを踏むことです。リスクを負う見込み生産を常識と考える業界の中で、テスト販売（ABテスト）を通じた人気投票を経て量産数を決めることで、在庫リスクを最低限に抑えています。初回生産は100〜200枚とリスク小さく始め、テスト販売をした上で量産を決定します。これは店舗がないからこそ、そして、

目の行き届くところにすべてが揃っているからこそできることです。ZARAでは全体の6割を占めるトレンドファッションに関して、リスクを最小限にするため、初回生産数はシーズン販売予定の4分の1程度の在庫量に抑えます（チャプター1参照）。とはいえ、展開する世界2000店舗以上の店頭に並べる万単位の商品をつくる在庫リスクを負っています。それに対して、SHEINは店舗を持たないゆえ、初回生産量はオンラインでのテスト販売結果が得られるのに必要な百枚単位の最小限の生産数まで絞り込めます。

そして、インフルエンサー（KOL、KOC）マーケティングのフル活用による集客、販売手法です。商品の無償提供を受けた各国のインフルエンサーが、TikTok、YouTube、Instagram、Facebook、Pinterestなどローカルに強いSNSで紹介してサイトへ誘導する手法は、Z世代を中心とした同社の中心顧客層に対する、現在最も効果的なマーケティングアプローチの1つと言えるでしょう。

さらに、越境ECならではのコストメリットがあります。顧客から見れば個人輸入の販売方式を取っているため、一定額（日本では1万6666円）までなら輸入関税や消費税が免除となります。そのため、販売時に競合よりも低価格設定ができます。つまり、大量に輸入して関税を払い、消費者に現地の消費税を負担してもらう競合他社に対するアドバンテージになります。アメリカでは中国からのアパレル輸入に25％の関税がかかりますが、SHEINは個人輸入のため、1回あたり800ドルまでであれば関税は一切かかりません（2023年5月現在）。

マーケティング、商品開発、生産、広告、オンライン販売、流通、価格決定、そのすべての業務が人の経験値や勘ではなく、データに基づいて、テストをしながら確証をもって広げることができるという、最適化を目指したオペレーションが行われていることがSHEINの強みです。

こう整理していくと、SHEINのビジネスは、店舗で売るかECで売るかという販路の違いの話でも、どこよりもいち早く商品をつくるかというスピードの

話でもなく、中国のアパレル産地と世界の消費者を直接オンライン上でつなぐ、**ソーシャルゲーム**なのではないか、と思えてきます。

SHEIN のビジョン

同社は将来的に、自社商品の販売だけでなく他社商品も販売するマーケットプレイス機能を持つこと（他社在庫の活用）、アプリにモバイル決済機能をつけること（自ら決済業者になること）、サプライヤーに対してファイナンスを行うこと（サプライヤー囲い込み）、広告収入を得ること（メディア化）、などプラットフォーマーとなるビジョンがあるようです。顧客の潜在需要を起点に、アパレル生産において世界の中でも最も柔軟な対応が可能な地の1つ、中国広州のサプライチェーンにこだわって顧客に商品を届け、決済するまでの流れにおいて、テック企業よろしくあらゆる効率を追求することを視野に入れているようです。

SHEIN の課題

そんな最先端のマーケティングで世界的にシェアの拡大を続けるSHEINですが、その一方で課題も山積みです。

1つめは、**顧客に直接届ける物流問題**です。たとえ速く商品開発を行って高速で生産したとしても、現在、注文から顧客の手に届くまで国際郵便で7〜10日間かかると言われています。単価が安いため待つ顧客もいますが、せっかく速く商品をつくったなら、速く届けることで「ファスト」のサービスレベルを統一したいところです。後に触れますが、速く届けられるようになればサプライヤー側にも負担をかけ過ぎず、生産リードタイムに多少の余裕が生まれることでしょう。

　現在、広州番禺区のサプライチェーンセンターで管理される商品は、同じ広東省の仏山市のセンターから世界に出荷されますが、欧州のベルギー、東アメリカ（インディアナ）、西アメリカ（ロサンゼルス）、インドにはローカル物流センターがあるようです。個別包装された顧客向け商品は、中国からチャーター便で各センターまでまとめて運び、そこからローカルの宅配業者に任せることで、物流コスト削減と配送日数短縮を実現しようとしています。また、返品やカスタマーサポートの拠点としても活用しているようです。

　2つめは、同じビジネスモデルを採る競合企業の台頭です。

　中国の産地から世界市場に売り込む SHEIN の急成長を見た中国企業の追随が始まっています。代表的なのは拼多多（Pinduoduo）傘下の Temu（https://www.temu.com/）や、唯品会（Vipshop）の NOWRAIN（https://www.nowrain.com/）などです。

　本書の執筆にあたり、SHEIN の情報を得るために複数の中国人パートナーの方々の協力をいただきました。ある程度情報がまとまった段階で整理し、その方々に「この SHEIN のビジネスモデルや手法は、中国において革新的だと思いますか？」という質問をしたところ、それぞれの方から、同じ回答が返ってきました。それは、消費者に需要がある商品を、中国の産地で短納期でつくって、オンライン経由で国内の消費者に直接販売するという手法は、アパレルに限らずコスメや雑貨、他の産業でも多くの中国企業がやっていることであり、何の新規性も感じられない、という答えでした。

　この答えでたどり着いたのは、SHEIN があえて当初から中国国内で商売をしなかった理由です。それは、その手法は国内においては競争力がなく、むしろ海外に向けて行えば、勝ち目があると考えたからではないか？　ということです。さらに、いずれ現れるであろう追随者に追いつかれないために、急速に成長して知名度とマーケットシェアを獲得しておく必要があったのではないか、と。そう考えると、あえて競争の激しい中国国内で商売をせず、海外で他社が追いつけないほどの急成長をしなければいけなかった必然性に納得がいき

ます。

　3つめは、ESG（環境、社会、ガバナンス）対応の遅れです。

　急成長したために、規模が大きくなって社会的な影響力が日増しに大きく
なっているのに対して、ESG対応が追いついていません。広州の生地市場の在
庫生地や中小縫製工場のフットワークを活用するのは、メリットもあればデメ
リットもあります。SHEINのサプライヤーの労働管理、素材や完成品の品質
問題、模倣品問題はすでに世界から目をつけられており、同社も対応が遅れて
いることを認めています。先ごろ、著名グローバル企業でESG担当を経験し
た専門家を雇い入れ対応を始めていますが、ビジネスの急速な拡大に追いつけ
るかどうかが注目されます。追いつく前に消費者の信頼を失ったり、各国の政
府を敵に回したりするようでは企業ブランドの失墜につながるでしょう。

　SHEINは最先端のデータマーケティングに基づく経営、世界で最もショー
トカットな高速サプライチェーンを構築する、現段階では最先端級の流通革新
モデルの1つ。急成長だけではなく、社会に認められ、共存できる体制を整え、
進化を遂げていくことを願うばかりです。

ゲームチェンジャーは生産地から世界の需要を探り、
顧客が欲しがるものをいち早くつくり、空輸で直接届ける。
産直ダイレクトECによりリードタイムは短縮し、
過剰在庫を抱えずに需要に応えることができる。

　素材、パーツから生産（縫製）まで、すべてがワンストップで調達できる生産地に拠点を置く。オンラインでリアルタイムに顧客の反応を確かめた上で、即時（QR）生産し、中間業者を介在させず顧客に届けることで、サプライチェーンのリードタイムが劇的に短縮でき、顧客の需要に素早く対応でき、在庫リスクも軽減できる。

ゲームチェンジャーからの学び ･････････････････････････････

- 販売国ではなく、生産地に拠点を置き、産地から世界の消費者の需要を直接探る。
- 当たらない需要予測をするより、ABテストで顧客に確かめ、需要の見込めるものだけを素早く量産する。
- 数少ないインフルエンサー（KOL）より、身近にいるたくさんのインフルエンサー（KOC）を活用する。

決算書は
経営者が綴るストーリー

　決算書を読むとき、前年比ではなく中長期、時系列で数字を並べて見る習慣の他にもう1つ、心がけていることがあります。それは、その企業の経営者、特に創業者の出自とビジョンを知ることです。どんな原体験を持ち、どんな志で事業を始め、どんな理想の未来を目指しているのか、その信念、さらには執念によって、事業へのアプローチや進めるスピード感も変わるからです。

　決算書はその経営者が自らの生きざまを刻むストーリーがマイルストーンとともに数値化されたものであると思うと、好奇心は倍増します。

　ユニクロとZARAは、消費者から同じように見えるアパレル製造小売業ですが、小売業出身のユニクロと製造業出身のZARAは出自が違うことで、ビジネスへのアプローチが全く違うことがわかると、見方もまた変わります。

　ユニクロは小売業出身だからこそ、当初は取引先に任せていたものづくりの品質向上に力を入れ、ZARAは製造業出身だからこそ、顧客が本当に望む商品をつくるため、店頭で顧客の声にしっかりと耳を傾けます。

　経営者のイズムは売り場にも決算書にも表れるもの。そんな思いを知り、リスペクトしながら、売り場や決算書の数字を通じて目に見えない対話をするのが、決算書を読む時の楽しみの1つです。

　本章では、店舗を持たず決算報告も行っていない、まだ多くのベールに包まれたオンラインマーケティングを出自とする中国企業SHEINを取り上げました。

　しかし、経営者が駆け出しのころ、誰よりも遅くまでオフィスに残ってSEOの実験を繰り返していた逸話を聞くと、スマートフォン（スマホ）の向こう側でショッピングをゲーム感覚で楽しむユーザーを想像しながら、彼女、彼らとオンライン越しに対話をし、コンバージョンを高めるためにPCに向かう経営者の背中が思い浮かび、彼が描くビジョンに好奇心がそそられるものです。

ZOZO

受託販売で商品取扱高を増やし
フルフィルメント効率を高める

#Eコマース　#ECモール　#フルフィルメント

#買取販売　#受託販売　#商品取扱高（GMV）

#在庫　#売上原価　#物流費　#広告宣伝費

#広告収入　#出荷1件あたりの損益

GAME
CHANGER **ZOZO**

THEME 受託販売で商品取扱高を増やし
フルフィルメント効率を高める

これまでの常識

メーカーから仕入れた商品在庫を抱えながら
広告宣伝費と物流費をかけ
Eコマース（EC）で消費者に販売する

買取販売

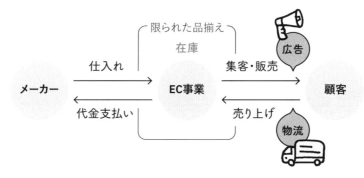

- ✔ 競争激化で広告宣伝費がかさむ
- ✔ 人件費高騰で物流費が上がる
- ✔ 買取商品だけでは品揃えに限界がある
- ✔ 在庫を増やすと資金を圧迫

チェンジ

本章の概要

EC販売の常識を変え、買取販売からプラットフォーマーになって在庫を預かり、集客と物流を担う受託販売に徹することで品揃えを増やし、フルフィルメント効果を高め流通総額から手数料収入を稼ぐ。

ゲームチェンジャーの新常識

買取販売から受託販売型へ転換。
他社の在庫を販売代行することで
集客・物流効率を高める

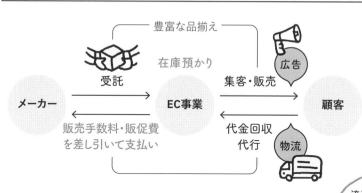

受託販売

- ✔ 多数のブランドの販売代行に徹することで品揃えが豊富になる
- ✔ 仕入れのキャッシュを集客（広告）と物流投資に回すことができ、効率アップ！

流通総額（GMV）が増えるほど広告・物流効率が高まる

ザ・ゲーム　CHANGE THE GAME

これまでの常識

- 小売業は商品を仕入れ、在庫を抱えながら消費者に販売するビジネス。
- EC販売は、店舗販売小売業のように家賃や人件費など固定費はかからないが、集客のための広告宣伝費と注文ごとの個配送を前提としたビジネスのため物流費など変動費がかかる。
- 広告や割引クーポン多発が売り上げのカギ。

パラダイムシフト

- EC販売は年々伸びている小売市場の成長セクターだが、競合も激化。
- 広告宣伝費がかさみ、クーポン割引などの販促費に以前より費用がかかるように。
- 物流費、つまり送料や倉庫作業の業務委託費（人件費）は上がる一方。
- コロナ禍の特需も落ち着き、損益見直しのステージへ。

ゲームチェンジャーの新常識

- 買取販売から得た集客と販売、物流のノウハウを活かし、受託販売型へ転換。
- 他社の在庫を販売代行する集客と物流（フルフィルメント）に注力。
- 高単価ブランドと低単価ブランドを同時に扱うことで、豊富な品揃えと集客を両立。双方の損益バランスを取りながらプラットフォーマーとしてグロースする。

> **急成長の理由** ｜ **買取販売からフルフィルメント代行に転換**
>
> 仕入れ販売による売上高にこだわらず、在庫を預り、受注から決済までのフルフィルメントに投資を行う。取扱ブランドを増やし、商品取扱高（GMV）を増やし、ECビジネスの2大経費である集客（広告）効率、物流効率を高めた。

買取販売から受託販売へ
フルフィルメント代行で
急成長するZOZO

チャプター3では、日本最大級のファッションECモール、ZOZOTOWN を運営する ZOZO のビジネスモデルを取り上げます。

2022年3月期のZOZOの年間商品取扱高（GMV）は5088億円と、ついに5000億円を超えました。

これは、ECモールという業態ではありますが、国内アパレル専門店の業界の中では、最大手のファーストリテイリングの国内ユニクロ事業の8102億円（2022年8月期売上高）、しまむらの5836億円（2022年2月期売上高、うちファッションセンターしまむら業態単体は4401億円）の流通額に次ぐ規模です。

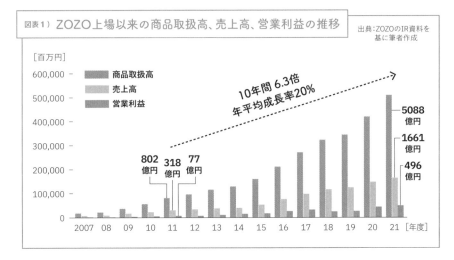

図表1）ZOZO上場以来の商品取扱高、売上高、営業利益の推移

出典：ZOZOのIR資料を
基に筆者作成

　図表1は2007年の上場以来のZOZOの商品取扱高を表したグラフです。過去10年間で商品取扱高は6.3倍となり、年平均成長率20％で成長を続けています。

　2022年3月時点で1510のショップ、8433ブランドを展開し、販売商品数は常時90万点以上、1日あたりの平均新着商品数は2600点以上になります（2022年3月期決算説明会資料より）。

　出店ブランドの受託販売手数料収入を中心とした同社の売上高は2022年3月期に1661億円となり、過去10年間で5.2倍（年平均成長率は19％）、営業利益は496億円で同6.4倍に増えました。同社売上高に対する営業利益率は29.9％と超高収益企業です。

　同社は、単にEC販路が拡大するアパレル市場の波に乗っただけではありません。創業当時のように買取販売だけを行っていたら、また、高単価のマーケットだけにこだわっていたら今のZOZOTOWNはなかったでしょう。本章では、同社の特有の高成長、高収益のビジネス構造を決算書から読み取っていきます。

ファッションブランドがワンストップで買える
オンラインのセレクトショップ

ZOZOはオンライン通販黎明期の1998年、輸入レコード・CDを販売する通販からビジネスをスタートし、2000年にアパレルの取り扱いを始めます。いわゆる裏原ストリートファッションブランドを中心に17ブランドを買い取り、仕入れをして販売することからのスタートでした。当初はブランドへの配慮もあり、複数のサイトを展開していましたが、顧客がすべてのブランドを1カ所で購入できるワンストップの利便性を考え、2004年にZOZOTOWNとして1つのサイトに統合します。

翌2005年からは、ユナイテッドアローズやビームスなどの大手有名セレクトショップの商品の受託販売を始めます。PC経由が大半を占めていた時代ですが、単価が高いファッション商品がオンライン通販においても販売できることを業界に知らしめていきます。

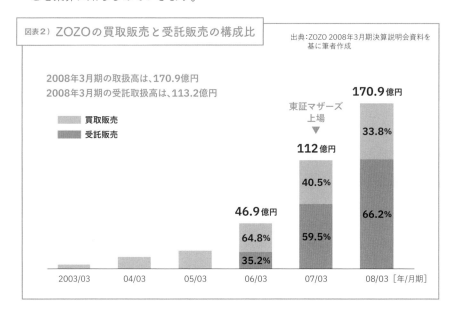

図表2）ZOZOの買取販売と受託販売の構成比

出典：ZOZO 2008年3月期決算説明会資料を基に筆者作成

2008年3月期の取扱高は、170.9億円
2008年3月期の受託取扱高は、113.2億円

買取販売
受託販売

170.9億円

東証マザーズ
上場
▼

112億円

46.9億円

33.8%

40.5%

64.8%

66.2%

59.5%

35.2%

2003/03　04/03　05/03　06/03　07/03　08/03 ［年/月期］

2005年3月期まではブランドから商品を買い取って販売する買取販売のビジネスを行っていましたが、2006年3月期からはブランドから在庫を預かり、販売代行をする受託販売をスタートします。東証マザーズに上場した2007年3月期には早速、商品取扱高に占める受託販売の割合が買取販売を上回り、構成比が60対40に逆転し、初の営業利益率2桁を計上します。

　ここがZOZOのターニングポイントです。2008年3月期からZOZOの年率20％成長、営業利益率20％超の高収益ビジネスのストーリーが始まります。

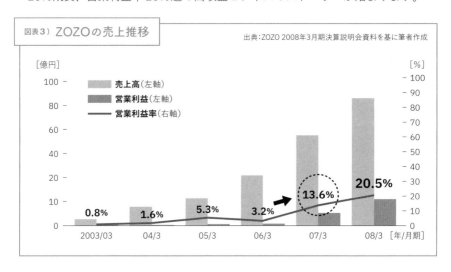

図表3）ZOZOの売上推移　　　出典：ZOZO 2008年3月期決算説明会資料を基に筆者作成

ZOZOのビジネス構造

　まず、ECビジネスであるZOZOのビジネスモデルの違いを知っていただくために、店舗を展開する小売業のビジネスモデルと同社の損益計算書（PL）を比較してみましょう。

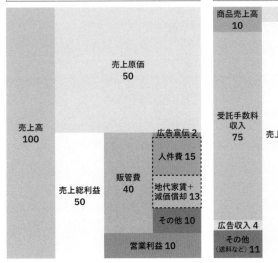

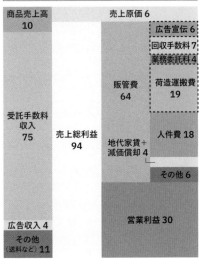

一般的なアパレル小売業〔PL〕

売上高 100
売上原価 50
売上総利益 50
販管費 40
広告宣伝 2
人件費 15
地代家賃+減価償却 13
その他 10
営業利益 10

ZOZO（2022年3月期）〔PL〕

商品売上高 10
売上原価 6
広告宣伝 6
回収手数料 7
業務委託料 4
荷造運搬費 19
販管費 64
受託手数料収入 75
売上総利益 94
地代家賃+減価償却 4
人件費 18
その他 6
広告収入 4
その他（送料など）11
営業利益 30

　両者の営業利益の大きさの違いがまずは目に飛び込んできますが、さらに目立つのは、売上原価の大きさの違いによる売上総利益（粗利）の違いでしょう。

　一般的な店頭販売型のアパレル小売業の多くは、**人件費**と**地代家賃**などの販売管理費をかけて仕入れた在庫を販売し、おおよそ50％の売上原価で、50％の売上総利益（粗利）を計上します。それに対してZOZOの場合、ショップから預かった在庫を販売代行する受託販売が中心のため、それらの売上原価はPL上には表れず、同社が買取販売した商品売上高の売上原価のみが計上されるため、売上原価率がたったの6％と極めて小さいことがわかります。

　売上高の内訳は、買取販売による商品売上高が10％程度。それに対して、受託販売やブランドの**ECフルフィルメント**（ECにおける受注、荷造、出荷、代金回収までの一連の業務）代行の受託販売手数料収入が売上高の75％、広告収入が4％、その他売上高（送料や年会費他）が12％と9割を占めます。これらは売上原価のかからない売上総利益100％の売り上げです。そのため、全売上高に対する売上総利益率（粗利率）が90％を超えるビジネス構造になります。

ZOZOの販売管理費の上位は送料や倉庫作業を中心とした荷造運搬費、人件費、続いて売上高の3倍に相当する商品取扱高にかかるクレジットカード手数料などが中心の回収手数料、そして広告宣伝費です。

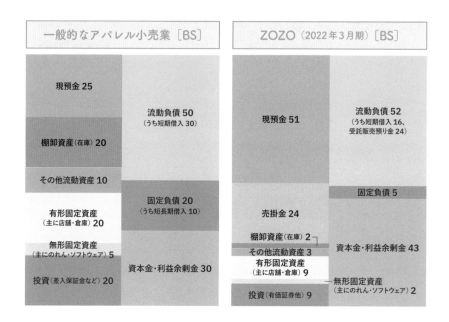

貸借対照表（BS）の左側、資産側を比較すると、一般的なアパレル小売業と比べて、受託販売がほとんどなので在庫が極めて少なく、店舗がないことで有形固定資産も少なく、差入保証金（敷金）を寝かす必要もないため、その分、現預金の構成が大きいのがわかります。

また、販売の決済手段のほとんどがクレジットカード決済のため、決済代行業者からの入金待ちの売掛金が大きく表れます。これは入金後、手数料や販促費を差し引いて受託したブランドへ支払います（右側の負債側上段の流動負債内の受託販売預かり金がこれに相当）。

続いて、同じ通販専業企業と比べてみましょう。図は通販大手の千趣会との比較です。

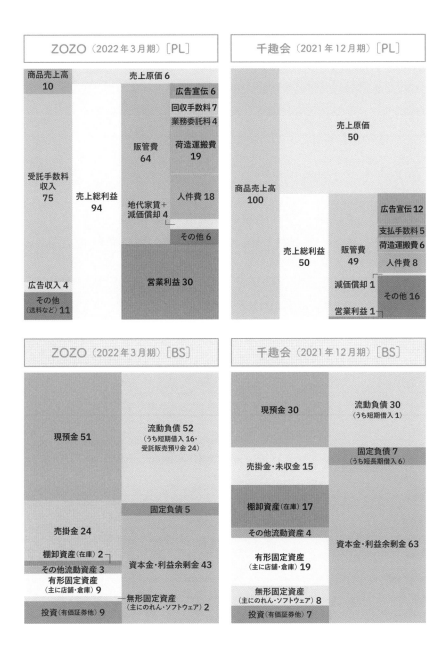

千趣会はEC専業のため、同様に広告宣伝費、荷造運搬費、回収手数料（支

払手数料）がかかる構造ですが、在庫を仕入れて販売する買取販売の千趣会と比べて、ZOZOの売上原価が小さいことは明らかです。

　ZOZOは買取販売が少ないことで売上原価が小さくなり、BSの資産を見ると在庫が少なく、その分、現預金が多くなっていることがわかります。

受託販売のご利益

　在庫を持たずに、ブランドの在庫を預かって受託販売することによって収益性がどう変化するか？　それを表したのがZOZOの上場以来の売上原価率と営業利益率の推移グラフです（図表4）。

　上場当時の売上原価率は40％ほどありましたが、2021年度に6％程度まで減っています。これは主に顧客から古着を買い取って販売するZOZOUSEDと、ZOZOがリスクを取ってつくったブランドの別注サイズ（MSP事業）の在庫販売の際に発生する売上原価です。

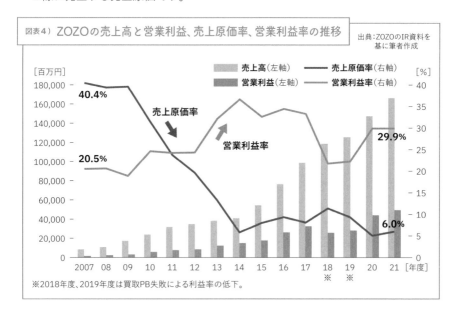

図表4）ZOZOの売上高と営業利益、売上原価率、営業利益率の推移

出典：ZOZOのIR資料を基に筆者作成

※2018年度、2019年度は買取PB失敗による利益率の低下。

　2010年以降、受託販売にビジネスの舵を切ることで、売上原価率と反比例するように営業利益率が上がっていくのがわかります。この間、20％前後だった営業利益率が30％台に増えています。2018年度と2019年度は戦略的に買取PB（プライベートブランド）を増やしましたがうまくいかず、その後、撤退処理をし再び受託販売にビジネスを集中していくのがわかります。

　この間のZOZOのPLの変化を見てもビジネスモデルが変わったことが明らかです。まるで別会社のようです。

　在庫を買い取って販売するよりも、フルフィルメントに集中して磨きをかけ、受託販売による手数料を得ることで高収益体質がついたと言えそうです。

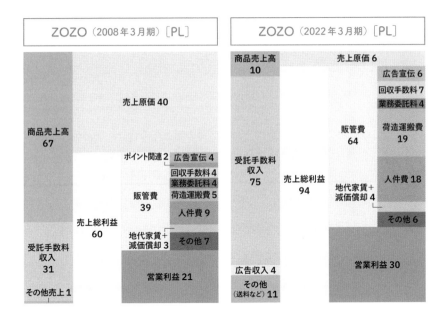

EC企業のKPI

　ZOZOなどEC販売企業の決算書を見ていて気が付くのは、一般の小売業と

のKPI（重要業績評価指標）の違いです。

　一般の小売業のKPIは、まずは企業の基礎体力や人気のバロメーターと言われる既存店売上高の伸長と、その売上構成要素を分解した客数と客単価です。客数は実際に購入した顧客の延べ人数であり、客単価は1人あたりの買上金額の平均です。

計算式
■売上高＝買上客数×客単価
（さらに客単価を1点あたりの平均単価×平均買上点数に分解）

　さらに、経営効率を測るのは小売業の経営の最小単位である1店舗あたり、面積あたりの売上高や従業員1人あたりの売上高です。

計算式
■1店舗あたり平均売上高＝対象店舗の売上高の合計÷店舗数
■1店舗月坪あたり売上高＝対象店舗の売上高÷店舗数÷12
　　　　　　　　　　　÷対象店舗の売場坪数（3.3㎡）

　これらの指標に基づき、経営者や経営幹部、店舗開発チームは、月坪あたり売上高がビジネスモデルに見合っているかを判定し出退店を考えます。出店は小売業最大の投資であり、経営を最も左右するのが出店の成否に尽きます。

　もう1つは、従業員1人あたりの指標です。

　売上高を従業員数換算した人数（パート・アルバイトは従業員換算、つまりすべてのパート・アルバイトの総労働時間を法定労働時間で割ってカウント）の1時間あたりで算出した、人時売上高をKPIにします。売上高ではなく、粗利高で表したものは人時生産性と呼ばれます。

計算式

■ **人時売上高＝年間売上高÷従業員数÷2000時間**（法定年間労働時間）

■ **人時生産性＝年間粗利高÷従業員数÷2000時間**（法定年間労働時間）

　小売業の販売管理費の中で最も構成比が大きい経費である人件費が、どれだけの売上高あるいは粗利額を生み出しているか、それによって、どれだけの人員配置をすべきかを考えるよりどころとなります。

　つまり、出店1店舗あたりどれだけの売り上げと粗利を生むか、そして従業員1人あたりの生産性を高められるかが小売業の経営指標（KPI）だったのです。

図表5）ZOZOのKPI		

出典：ZOZO IRサイト業績ハイライト各種KPIを基に筆者作成

各種KPI	2023年3月期	
	1Q	2Q
年間購入者数	1061万9934人	1085万9876人
アクティブ会員数	926万9080人	954万5087人
ゲスト購入者数	135万854人	131万4789人
①アクティブ会員1人あたりの年間購入金額	4万2559円	4万2401円
②アクティブ会員1人あたりの年間購入点数	11.6点	11.4点
③出荷件数	1312万3988件	1274万2183件
④出荷単価	7699円	7566円
（前年同期比）	2.6%	3.0%
商品単価	3552円	3487円
（前年同期比）	1.8%	6.8%
デバイス別出荷比率		
PC	7.1%	6.6%
スマートフォン	92.9%	93.4%
モバイル	0.0%	0.0%
ZOZOTOWN出店ショップ数	1523店	1532店
買取ショップ	25店	27店
受託ショップ	1498店	1505店
取り扱いブランド数	8512	8455
BtoB事業支援サイト数	40	39

①〜④がZOZOの主要KPI

これに対してZOZOの決算書にKPIとして掲げられているのは、まずは顧客単位で見るアクティブ会員の①年間購入金額および②年間購入点数です。ECでは個別配送が前提のため、すべての顧客がID（メールアドレスなど）で特定でき、同じ顧客（ユニーク顧客）がどんな購入のしかたをしているかをデータで把握することができます。同社では年間購入者数の中でも1年以内に買い物をした顧客をアクティブ会員と呼び、1人あたりの年間購入金額と年間購入点数を算出して、1人の顧客がどれくらいリピート購入しているかを成長のバロメーターにしています。

　もう1つのバロメーターは、③出荷件数と④出荷単価です。ECにとって顧客1人あたりに次ぐ経営最小単位は、出荷1件あたり、という切り口だからです。

店舗販売とEC販売のKPIの違い

店舗販売小売業のKPI……不特定延べ客数、店舗、従業員

■売上高＝不特定多数の客数×客単価（1点単価、購入点数）

■売上高＝1店舗あたり、あるいは面積あたりの積み上げ

■売上高＝従業員1人あたりの売り上げの積み上げ

ZOZO（EC）のKPI……特定顧客、出荷1件あたり

■売上高＝特定可能顧客の1人あたり／1年あたりの購入金額、点数（ライフタイムバリュー）

■売上高＝出荷数×出荷単価（商品単価×出荷1件あたりの購入点数）

　ECの強みは、ユニーク顧客単位、つまり不特定の延べ人数ではなく、特定できる顧客が何回買ったか、そしてこれまでどれだけ累計で買っているかが

データでつかめ、対策を立てられることです。購入時に毎回の情報入力を避けるため、会員登録をしている顧客については、性別や誕生日情報から年齢層までわかります。ZOZO は顧客層の情報の変化をつかみ開示しています。

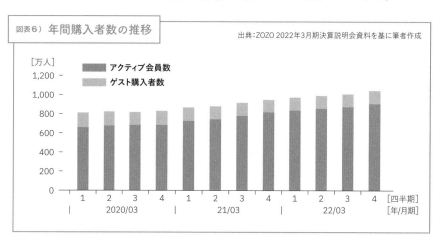

図表6）年間購入者数の推移

出典：ZOZO 2022年3月期決算説明会資料を基に筆者作成

ここ3年のZOZOのKPIの傾向を見ると、アクティブ会員数は年々着実に伸び続けていますが（図表6）、1件あたりの出荷単価や平均単価は下落傾向にあることがわかります（図表7）。

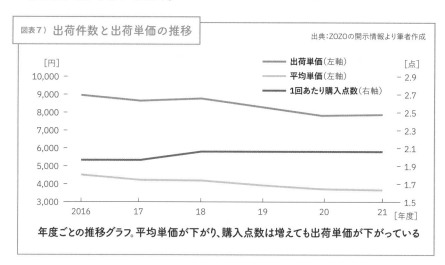

図表7）出荷件数と出荷単価の推移

出典：ZOZOの開示情報より筆者作成

年度ごとの推移グラフ。平均単価が下がり、購入点数は増えても出荷単価が下がっている

年率20％の成長を続ける同社は、その成長軌道を維持するために既存出店ブランドの販売を促進しながら、その一方で、単価が低くても購入客数を増やして商品取扱高を増やせるブランドを多数導入していることが理由として挙げられます。

　ZOZOの上場以前からZOZOTOWNと取引をしていたあるブランドの担当者（当時）によれば、ZOZO創業者の前澤友作氏は「いい商品、いい売り場、いい物流」というフレーズをビジネス信条のように話していたそうです。

　顧客に支持され売れる商品は、より多くの顧客に支持される可能性があるものです。そこで、ZOZOTOWNでは常に売上ランキングにこだわります。店舗販売の小売業では、店頭で売上ランキングを表示している店舗はほとんどありませんが、今となってはアマゾン、楽天市場をはじめ、どんなECサイトでも売上ランキングを表示するのが常識になっています。それは、たくさんの商品数の中から、小さな画面を見ながら商品を選ぶ顧客に対する販売促進の目的からです。

　店頭においては来店顧客に品揃えの全体像が見やすいVMD（ビジュアルマーチャンダイジング）が施され、販売員のアドバイスもあります。一方、ECはセルフ販売で、たくさんの商品数の中から自分好みの商品を選べる顧客は限られ、多くの来訪者は選ぶのが面倒に感じたら、サイトから離脱してしまいます。そのため、短時間で商品を選ぶことができる人気ランキングやレコメンドという機能が重宝されるわけです。

　かつて、小売業のバイヤーにとっては、自分たちがつかんだ売れ筋商品を同業他社に知らせるようなランキング開示はご法度でした。しかし、オンライン

通販では、ランキングが売上促進につながることは今や常識です。

≫ 顧客と出店ブランドの双方にメリット

ZOZO は、ZOZOTOWN の顧客にサイト上で人気商品ランキングを開示して販売促進するだけでなく、ZOZOTOWN に出店するブランドには、自ブランドのみならず、他社の商品を含む各種売上ランキングや売れ筋商品の詳細データにアクセスできる管理画面の閲覧を可能にしています。ZOZO としては、ブランド側に売れている商品（＝いい商品）の在庫を切らさないでもらいたい、他ブランドで売れている商品があれば、それを参考にして自ブランドらしい売れ筋の要素を持った商品を ZOZO で販売してもらいたい。顧客も喜ぶし、ブランドも ZOZO も売り上げが増える。そうすれば、ますます顧客に魅力的な品揃えの売り場（＝いい売り場）になり、ますます顧客が集まり、売り上げが増える。ZOZO 側はそれに対して、いい物流（フルフィルメント）を提供する。そんな意図で、同社は出店企業に販売データを惜しげもなく開示しているのです。

そのため、著名人気ブランドに混ざって、フットワークの軽い、単価の安いブランドが上位にランクインする傾向にあるようです。出店ブランドが他社の売れ筋を知ることは、結果、図表7にあった平均単価および出荷単価の低下につながっていると思われますが、しかし、この傾向は ZOZO 側の年率20％を続ける成長戦略に合致したものと考えられます。

ZOZO の決算データに学ぶ EC 出荷１件あたりの損益

ZOZO の開示データは、EC ビジネスの損益を考える上でとても参考になる情報を提供してくれていることをご存じでしょうか。

ZOZO の決算開示データに基づいて、同社が KPI にしている出荷１件あたり

の損益モデル（PL）を見てみましょう。

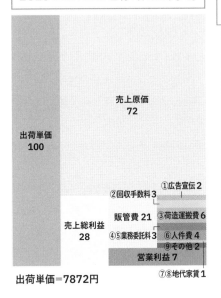

ZOZO（2022年3月期）出荷1件あたり［PL］

出荷単価
100

売上原価
72

売上総利益
28

販売費 21

①広告宣伝 2
②回収手数料 3
③荷造運搬費 6
④⑤業務委託費 3
⑥人件費 4
⑨その他 2

営業利益 7

⑦⑧地代家賃 1

出荷単価＝7872円

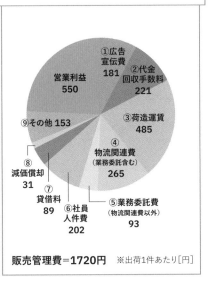

図表8）**1件あたり売上総利益2270円に占める経費と利益の内訳**

営業利益
550

①広告宣伝費
181

②代金回収手数料
221

③荷造運賃
485

④物流関連費（業務委託含む）
265

⑤業務委託費（物流関連費以外）
93

⑥社員人件費
202

⑦貸借料
89

⑧減価償却
31

⑨その他 153

販売管理費＝1720円 ※出荷1件あたり［円］

　2022年3月期の年間平均出荷単価は7872円、手数料収入に相当する1件あたりの売上総利益（粗利）は2270円です。

　これに対して、広告宣伝費、回収手数料、物流関連業務委託料、荷造運賃、人件費（本社、業務委託費含む）、倉庫賃料など販売管理費1720円を引いて、550円が営業利益として手元に残る計算です（出荷単価に対する営業利益率は7％）。

　店舗販売は家賃や人件費など固定費の多いビジネスであるのに対して、ECビジネスは変動費の多いビジネスと言われます。変動費は売り上げ（出荷）に伴ってかかる費用、つまり、出荷がなければ支払わなくてもいい経費が多いという意味で語られがちですが、その発想にはいくつか落とし穴があります。

　経費によって、性質が違うものがいくつも含まれているのです。

　たしかに、変動費の中でも売上額に応じて一定率かかるクレジットカード手数料などの回収手数料（売り上げに対して3％程度）やポイント関連費などはその通りですが、物流関連費や荷造運賃などの物流費は、出荷がなければかからないリスクの小さい経費であると考えてはいけません。

　気をつけなければならないのは、変動費と呼ばれる経費の中でも出荷1件あたりにかかる倉庫作業費と送料（荷造運賃）です。これらは、出荷金額が1000円だろうが1万円だろうが、1回出荷するごとに常に同じ費用（単価）がかかるものです。
　ちなみにZOZOほど出荷量の多い企業でも、この2つの物流費だけで出荷1件あたり750円もかかっていることがわかります（図表8の③＋④）（注）。

　この他に事業に関わる社員人件費、本社や倉庫の貸借料（倉庫保管料）、月額システム利用料は固定費になりますので、出荷1件あたり費用は出荷数が多くなれば割安に、出荷数が少なければ割高になります。

　EC事業に携わる方は売り上げを伸ばすことだけでなく、いろいろな性格の経費が混在していることを踏まえ、出荷1件あたりの損益に気をつけながら業務にあたりたいものです。

　（注）ZOZOTOWNでは、全購入顧客から一律250円の送料を徴収していて、その他売上高に計上されています。

ZOZOの出荷単価の低下への対応策

　国内最大級のファッションECモールを運営するZOZOですら、昨今の出荷単価の低下と、ECを取り巻く経費増による出荷1件あたりの利益の低下に頭

を痛めています。

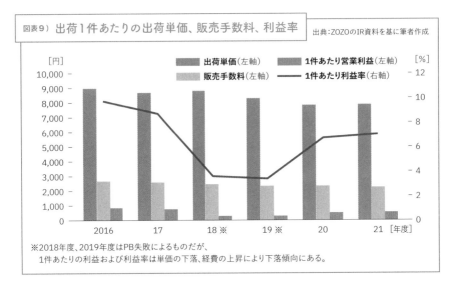

図表9) 出荷1件あたりの出荷単価、販売手数料、利益率

出典:ZOZOのIR資料を基に筆者作成

※2018年度、2019年度はPB失敗によるものだが、
　1件あたりの利益および利益率は単価の下落、経費の上昇により下落傾向にある。

　図表9はここ6年間の出荷1件あたりの出荷単位や利益率の推移を表したものです。出荷単価の下落とともに販売管理費が上がって、出荷1件あたりの営業利益が下がる中、同社は当然、経費削減努力を怠りません。すでに知名度が高まり、集客力のある同社にとって、EC事業の2大経費の1つである広告宣伝費はもはや、利益の調整弁と言えましょう。多くの他社EC事業ほど広告宣伝費を使う必要はなく、損益状況にあわせて、むしろ戦略的に投下する金額を調整することが可能になりました。

　販促費の中のポイント関連費についても、2020年3月をもって、ZOZOカードを持っている顧客以外へのポイント還元を廃止し、ポイント関連費負担を軽減しました（PayPayモールZOZO店での購入者にはPayPayがポイントを付与）。この他、回収代行業者を変えて手数料率を改善したり、金額にかかわらず、すべての顧客から徴収する一律送料も値上げに踏み切ったり、各種費用にメスを入れ続けています。

販売手数料以外の売上増が収益率改善のカギ

　出荷単価の下落とともに、出荷1件あたりで稼ぐ営業利益が低下していくZOZOにとって、それをカバーするのは販売手数料以外の収入です。

　1つは**広告収入**です。同社は2019年3月期からZOZOTOWNのサイト内に広告を掲載して、販売を促進したいブランドから、販売手数料以外に広告収入を得ています。集客力のあるメディアの1つとなったZOZOTOWNにとっては、サイト内の広告収入は粗利100％の収益源のため、今後、広告収入が増えれば確実に利益に貢献する戦略要素の1つです。

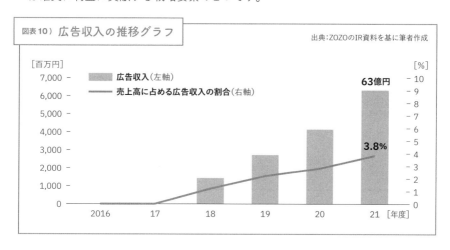

図表10）広告収入の推移グラフ

出典：ZOZOのIR資料を基に筆者作成

[百万円]
[%]
- 広告収入（左軸）
- 売上高に占める広告収入の割合（右軸）

63億円

3.8%

2016　17　18　19　20　21 [年度]

　それ以外のサービスはまだ試行錯誤中ですが、今後はこれらのサービスの売り上げが同社の営業利益を支える柱の1つとなっていくことが期待されます。

　広告収入が最も伸ばしやすい販売手数料以外の利益源ですが、それ以外にも、ZOZOTOWNに在庫がない商品に対して、ブランド側の店舗に在庫があれば、取り置きできるZOZOMO（ゾゾモ）機能、逆にブランド店舗に在庫がなく、ZOZOTOWNに在庫があった場合に、ZOZOTOWN在庫を購入できる「顧客直送」サービスなど、顧客がブランド店舗とZOZOTOWNを行き来できるOMO機能をリリースし、出店ブランドを支援するサービスを拡充しています。また、

ZOZOカードのように、年会費を徴収することで、会員特典を提供する取り組みもありでしょう。これらの収益化が、受託販売の収益率の低下を補う収入として期待されます。

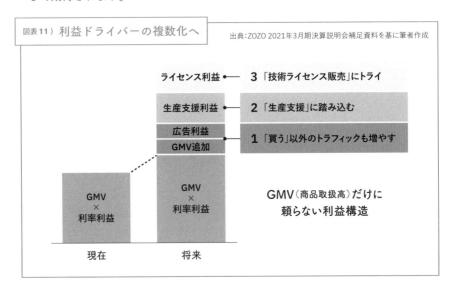

図表11）利益ドライバーの複数化へ

出典：ZOZO 2021年3月期決算説明会補足資料を基に筆者作成

メディア化するDtoCビジネス

本章の最後に、国内EC事業の中で近年筆者が注目している北欧、暮らしの道具店を運営する**クラシコム**のビジネスモデルをご紹介します。

同社は2022年7月期、年商約51億円と小粒ながら、毎年15％を超える経常利益率を出し、年率20％以上の成長を続け、2022年8月、東証グロース市場に上場した注目株です。

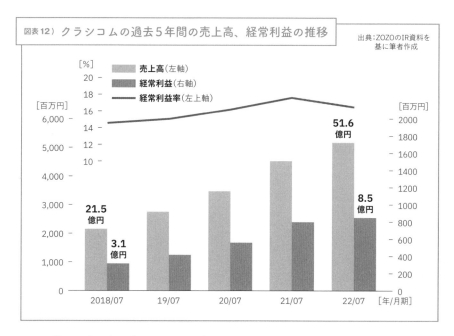

図表12）クラシコムの過去5年間の売上高、経常利益の推移

出典：ZOZOのIR資料を
基に筆者作成

　同社は、「北欧、暮らしの道具店」を運営し、独自の切り口で選んだセレクト商品とオリジナル商品を仕入れて販売する買取型の通販企業です。特徴としては、自身が情報を発信し続けるメディアになることで、顧客と直接つながるアプリのダウンロード促進費用以外、広告宣伝費をかけません。また、ほんの一部の商品以外、購入価格にかかわらず、送料はすべて購入顧客に負担してもらっているため、同社では配送料の負担がありません。このため、通販ビジネスの2大費用である広告宣伝費と物流費が他のEC専業と比べて小さく、販売管理費が少ないことが、同社が同業他社よりも営業利益が大きい理由の1つになっています。

　その一方、**メディア化**した同社は仕入れメーカーの広告宣伝活動（ブランディング）を手伝うことによって、ブランド・ソリューションで収入を得ています。
　また、DtoC（ダイレクト・トゥ・コンシューマー）のオペレーションについても見習うところがたくさんあります。まずは、販売する商品の99％は値下げなしの定価販売であることです。価値をしっかり伝え、値下げをせずに適量仕入れ

で売り切ります。しかも在庫回転日数は 30 〜 40 日と、適時必要なだけ在庫を上手に仕入れ、高回転で売り切っていることがわかります。その結果、BS の資産の 80％相当が現預金と羨ましいキャッシュリッチ企業です。

　ZOZO は受託販売からプラットフォーマーに向かう EC 企業ですが、クラシコムは仕入れ型の EC 企業にとっては、今後、お手本になりそうな成長企業です。

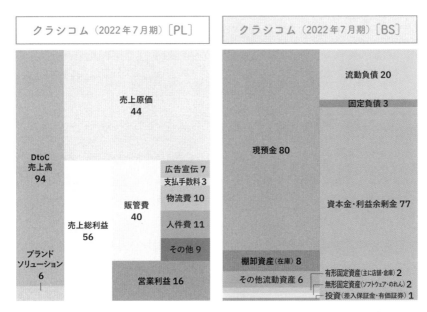

※図は他社との比較のため、同社が売上原価の中に計上している変動費である物流費および支払手数料を
　販売管理費に切り出して作成。

Chapter **03** まとめ

SUMMARY ◯

ゲームチェンジャーは買取販売の売上高よりも、

受託販売を増やして品揃えを豊かにし、

流通総額を増やす。

各ブランドが売れ筋を持ち寄り、

多くの顧客が集まるサイトになり、

良い物流が揃えば集客（広告）効率と物流効率が上がる。

ECにおいて、自らの買取販売で売上高を増やすのには限界がある。買取販売を減らし、フルフィルメント能力を活かした受託販売に転換すれば、たくさんのブランドが扱えるようになり、それまで仕入れに使っていた資金を集客、物流に投資でき、効率も高まる。

さらに、仕入れ代金を先に払ってから、販売後、売上代金を回収する先払い型から、売上代金を回収してから受託先に商品代金を支払う後払い型になり、キャッシュフローも豊かになる。

ゲームチェンジャーからの学び ....

- 仕入れ資金を使わずにたくさんのブランドを取り扱い、流通総額（GMV）を増やし手数料を稼ぐ。
- スケールメリットでECビジネスの2大経費である広告の効果を高め、単位あたり物流固定費を下げる。
- モール内で粗利100%の広告収入やサービス収入を増やすことで利益率を高める。

移動累計集計

　筆者が事業会社の経営企画室長時代に覚えたビジネストレンド、KPIの推移分析手法の1つに移動累計集計という手法があります。

　期間データをただ時系列に並べるだけでなく、直近を含む過去一定期間（主に1年間）分の値を遡って集計して時系列に並べることで、そのビジネストレンドが上を向いているのか、下降気味なのかを知ることができるものです。

　月や季節によって売り上げが変動するファッションビジネスにおいては、異常値に惑わされないためその影響を均すのに有効な分析手法の1つです。Excelの =SUM（fromセル：toセル）を使えばコピーで手軽に集計でき、さらに集計された数字をグラフにすると、その数値の傾向と異常値を発見しやすくなるものです。また、移動累計で集計した金額と数量を割り算した移動平均も傾向を見る上で参考になります。本章で見たZOZOの決算書においても、アクティブ会員の年間購入金額や数量のグラフ（図表6）に使われている手法です。

　月や四半期集計で時系列に並べてしまうと、季節指数によって必然的に起こるアップダウンがあり、傾向の変化に気が付きづらいものですが、移動累計集計にすることによって、なだらかに変化するグラフとなり、視覚的、直感的に兆候を見失わずに済むようになります。

　経営企画系の仕事をされている方にとっては、既存店分析や予算づくりに欠かせない分析手法の1つです。

Chapter

ワークマン

FCを活用したウィンウィンの
ローコストオペレーション

#フランチャイズシステム　#ローコストオペレーション

#店舗資産化　#人件費の変動費化　#労働分配率

#粗利分配方式　#成果報酬型　#持続可能

#家族経営　#低価格高付加価値

04

GAME
CHANGER ワークマン

THEME FCを活用したウィンウィンの
ローコストオペレーション

これまでの常識

店舗運営の２大経費、
家賃交渉と人件費コントロールが
店舗損益のカギ

仕入れ	□ 値下げしても儲かるように 安く仕入れる

販売管理費	□ 好条件の物件を探して契約 □ アルバイト・パートタイマーを 活用して人件費を調整する

販売　□ 薄利多売
　　　□ 低利益率
　　　□ 作業負担増

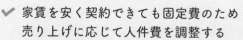

✔ 家賃を安く契約できても固定費のため
　 売り上げに応じて人件費を調整する
✔ 人件費を抑えればサービスレベルが下がり
　 採用難で時給も上がる

チェンジ

本章の概要　フランチャイズ方式における本部とFCオーナーの役割と
利益分配の常識を変え、持続可能なローコストオペレーションで顧客に
価値ある商品を低価格で提供。店舗は本部資産、人件費は粗利連動の利
益分配で成果に応じて報酬を分け合う。

ゲームチェンジャーの新常識

……

店舗は本部が取得して資産計上することで
家賃負担を軽減する。
人件費はフランチャイズ方式で成果報酬型（変動費化）

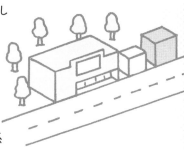

| 仕入れ | □ 付加価値商品を開発する |
| | □ 多くの顧客の手に届く価格設定をする |

販売管理費	□ 物件取得で家賃負担なし（減価償却対象資産）
	□ やる気あるファミリーFCオーナーと契約
	□ 頑張り過ぎず稼いだ粗利額に応じた成果報酬で報いる

| 販売 | □ 低粗利率でも高営業利益率 |
| | □ 顧客・FCオーナー・本部の三方よし |

✔ 店舗物件は本部が取得するため
　家賃負担は減価償却のみ

✔ 稼いだ粗利額に応じた成果報酬で、
　本部もFCオーナーもウィンウィンの関係

ザ・ゲーム　CHANGE THE GAME

これまでの常識

- チェーンストア経営は店舗を借りて家賃を払う。店長や副店長など社員は固定給、パート・アルバイトの労働時間調整で人件費をコントロールする。つまり店舗運営の2大経費、出店条件交渉と人件費コントロールが店舗損益のカギ。
- 薄利多売、低利益率。個店損益を見極め、出退店を繰り返す。

パラダイムシフト

- 競争激化で低価格化が進み、チェーンストアの多くはますます薄利多売へ。
- 需要がEコマース（EC）や中古二次流通マーケットに分散し、ますます販売効率低下。
- 人員削減→店舗は多忙を極め→退職者増加、採用難、赤字店舗増加の悪循環。

ゲームチェンジャーの新常識

- 店舗はFC本部が取得して、家賃負担を軽くする。
- 人件費は粗利に応じた成果報酬型（変動費化）。
- 低粗利で顧客にバリューを提供しながら、ローコストでも販売現場に無理なく成果報酬を稼がせる。
- チェーン全体で継続的な高利益率を実現。

急成長・高利益率の理由	ローコストオペレーションで高機能品を安価で販売

高く仕入れて安く売る。高機能品を安く提供できるしくみは家賃負担軽減、人件費粗利連動型のローコストオペレーションにあり。労働力を安く使うのではなく、成果に報いるしくみが持続可能の理由。

フランチャイズ方式による
持続可能な超ローコスト
オペレーションを実践する
ワークマン

　薄利多売が当たり前の**チェーンストア**において、さらに超ローコストオペレーションができるのかと思われたかもしれませんが、チャプター4では、それを実現しながら持続可能な成長を続ける**ワークマン**のビジネスモデルを取り上げます。

　日本全国の郊外ロードサイド立地を中心に944店舗を展開するワーキングウエア（作業服）チェーン、ワークマン。2022年3月末時点で、ワークマンを559店舗、ワークマンプラスを372店舗、＃ワークマン女子を12店舗、ワークマンプロを1店舗運営しています（ワークマンプラスのうち、ワークマンからワーク

マンプラスに改装した店舗は235店舗）。

　同社は作業現場のプロ向けの地味なアイテムを販売する存在ながら、老若男女問わず、アウトドアからタウンウエアとしても使える機能的なコスパアイテムが揃う店。そんな評判が2018年ごろからSNSで話題となり、さらにメディアやバラエティー番組でも頻繁に取り上げられることによって、2019年から一般ユーザーにも一気に知名度を高めることに成功した急成長中チェーンです。

≫　SNSをきっかけに一般顧客の需要をつかむ

　この既存商品の新しい用途の発見は、同社がしかけたというより、それを愛用してSNSで拡散する一般ユーザーに気付かされたもの。従来の作業服や作業用品としての需要以外に、アウトドアウエア、スポーツウエアとしての用途を各種メディアでアピールすることで、一般顧客の需要が急増。2019年にブレイクし、直近の2022年3月期のチェーン全体売上高は1565億円（前年同期比6.8％増、既存店売上高1.5％増）、営業利益は268億円（同11.9％増）。この10年でチェーン全体の売上高は年平均成長率10％で2.5倍、営業利益は同17％で3.9倍となりました。

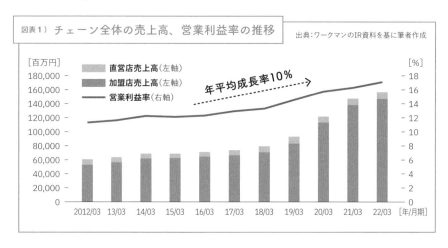

図表1）チェーン全体の売上高、営業利益率の推移　　出典：ワークマンのIR資料を基に筆者作成

一般メディアでは同社の機能性商品開発力やコスパが取り上げられることが多いですが、本書では、そういった表に見える商品力やマーケティング力を裏で支える、同社の本当の強さ＝ビジネスモデルに注目します。

巨大流通コングロマリットが生み出したユニークな運営形態

ワークマンは、ホームセンターのカインズやスーパーマーケットのベイシアを展開する**ベイシアグループ**に属する唯一の上場企業です。ワークマン単体のチェーン全体の売上規模は年商1500億円ほどですが、グループの合計年商規模は2020年に1兆円を超えた巨大流通コングロマリットです。

そんなベイシアグループ傘下で、同社は1980年に群馬県伊勢崎市に1号店をオープンしました。

ワークマンはチェーンストアと言っても、**フランチャイズ（FC）方式**での展開がメインです。全国944店舗の内訳は903店舗のFC店と41店舗の直営店ですが、後者の直営店もほとんどが、いきなり3年のFC契約（後述）に踏み切れないオーナー候補のための業務委託店舗やトレーニング・ストアであったり、家賃条件の全く違うショッピングセンター内の店舗です。直営

図表2）運営形態と運営形態別店舗数の推移

出典：ワークマン2022年3月期決算説明会資料を基に筆者作成

店も毎年徐々にFC店に移行し続けています。

≫ FC契約者は48歳未満の夫婦

　同社のFCが非常にユニークなのは、3年ごとに更新するFC契約者（かつての6年契約から近年、現在の3年に短縮）の条件に夫婦であることを求めるところです。ワークマン自身が出店立地を見つけて契約し、その近くで募集をかけて集まってくる夫婦の中から選ぶ。その立地のことをよく知っていて、通勤時間は車で高速道路を使わずに40分以内（ワークマンプラスは30分以内）の場所に住む、基本的には個人との契約です。

　つまり、地域特性や地域イベントなどをよく理解し、地域の顧客とうまくやっていけそうな夫婦と契約を結び、3年ごとに契約を更新します。

　初回契約の年齢制限は夫婦ともに48歳未満で、平均初回契約年齢は42.3歳。現在の全店長の平均年齢は52.2歳、3年後更新率は99％とのこと（同社資料）。最高年齢は70代までいるようで、リタイヤする際は6〜7割が子世代に引き継ぐそうです（もちろん本部による審査あり）。また、たとえ後継者がいなくても、本部が後任を探してくれるので心配はありません。

　年間定休日は22日で、営業時間は毎朝7時開店、夜20時閉店。プロ向け販売で忙しいのは、社会インフラに関わる仕事で働く人々が現場に行く前の朝と、帰宅前に作業服、作業用品を買いに来る夕方の2つの時間帯。

　近年増えたとはいえ、1日の平均客数は170人程度（時間あたり13人）と、700〜1000人と言われるコンビニに比べるとせわしくはないイメージです。

　そんな来客状況の中で、朝は夫婦交代で店を開け、残った方が子供を保育園や学校に送り出してから店に出勤。午後は子供の保育園のお迎えにも遅れることなく、一番乗りで迎えに行けるオーナーもいるようです。夜は19時前に夫

婦の一方が先に退勤し、家で夕食の支度をしておく。仕入れも販売業務もシステム化されており、残業は5分程度。そのため、帰宅後20時半には夫婦で一緒に食事がとれる家庭もあるようです。

　同じFCでも、コンビニ経営のような24時間営業では、家族で働くことを前提にFC契約をしてしまうと、忙しさのあまり家族関係が悪くなるケースが少なくないという話を耳にしますが、ワークマンの場合、**ワークライフバランス**が実現できるため、収入がそこそこ伴えば（後述）、持続可能な脱サラ・独立の選択肢になるのではないかと思われます。

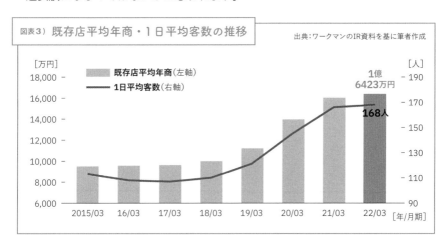

図表3）既存店平均年商・1日平均客数の推移　　　出典：ワークマンのIR資料を基に筆者作成

ローコストオペレーションと
稼いだ利益を投資に回すキャッシュフロー経営

　FC本部であるワークマンのビジネスモデルの最大の強みは、独自のローコストオペレーションと、稼いだ利益を投資に回し続ける**キャッシュフロー経営**です。

一般の専門店の販売管理費、特に固定費の中で最も大きなウエイトを占める2大経費は、**人件費**と**家賃**（一般的に合わせて経費の6割以上）です。同社はバリューのある商品を低価格で顧客に提供するため、チェーンストアの王道とも言える、低粗利率、低販管費率のローコストオペレーションを行うにあたり、この小売業の2大経費の負担を大幅に軽減するしくみを採っています。

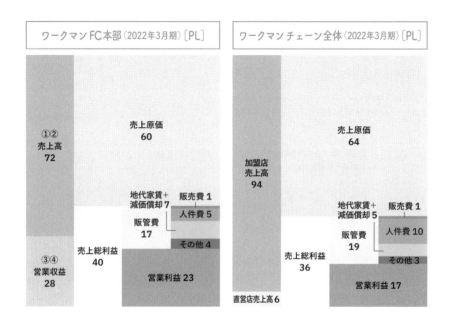

　上の左側の図はワークマンFC本部の企業会計上の損益計算書（PL）を図式化したものです。

　同社の売上高を構成するのは、①「直営店売上高」99億円、②FC向けの「加盟店への商品供給売上高」735億円から構成される商品売上高、③FC加盟店から指導料として徴収する「加盟店からの収入」327億円、④取引先からの流通業務受託料、いわゆるセンターフィーがメインの「その他営業収入」9600万円です。

　これらを合算した1162億円が、同社の会計上の売上高になります。

しかし、これでは他の小売業と比較がしづらいので、一般ユーザー向けの小売チェーンとしてのワークマンの収益構造を知るために、FCと直営店の売上高を合算した1565億円のチェーン全体売上高を100としたPLを図式化したものが前ページの右側の図です。

売上原価、販売管理費主要項目は同社が公表している決算関連書類の各種詳細数値から筆者が推計したものです。詳しく見てみましょう。

家賃負担を大幅軽減　店舗はワークマンの所有物

まず、家賃です。衣料専門店は一般的に店舗を賃貸条件で契約して運営し、その賃料は売上比率で10％前後から駅ビルのような高い場合では20％近くになるものです。これに対してワークマンの場合、チェーン全体売上高に占める地代家賃比率はたったの3.7％です（減価償却を加えて5％）。

なぜ同社の地代家賃比率がこんなにも格段に低いかというと、ワークマンのほとんどの店舗は同社の所有物だからです。これは同社の貸借対照表（BS）の有形固定資産の大きさに表れています。

出店先のほとんどが郊外立地で、土地の取得も店舗の建設費もローコストで済むため、同社は店舗を賃借するのではなく、できるだけ自ら取得することを前提に考えます。3.7％とは、ショッピングセンター内の出店か、地主

ワークマン（2022年3月期）[BS]

現預金 51

棚卸資産(在庫) 12

その他流動資産 12

有形固定資産
(主に店舗・倉庫) 19

投資(差入保証金・有価証券) 5

流動負債 14
(うち短期借入 1)

固定負債 3

資本金・利益余剰金 83

無形固定資産
(主にソフトウェア) 1

の事情により取得できない出店立地の分のみというわけです。固定資産に計上するため、減価償却費がPL側に表れますが、減価償却費比率はチェーン売上高の1.3％程度で、これを足して考えたとしてもチェーン売上高比5％程度と、一般のチェーンストアと比べてかなり低い水準です。

つまり、多くの小売業の損益に大きく影響する家賃の負担が同社のPL上にはあまりかからないため、販売管理費が抑えられ、収益性が高くなるというわけです。

人件費を変動費化

次に、人件費についてです。同社はFC方式を採ることによって、FC本部の負担になるのは本社に勤務する社員人件費と直営店を運営する人員の業務委託料のみで、チェーン全体売上比率で見ると3.8％に過ぎません。一方、FC店側のオーナーの収入と同アルバイトに支払われる人件費は、各店が実際に稼いだ粗利益の4割の中から諸経費が差し引かれた後に支払われる変動歩合のしくみで、FC本部とFCオーナーに支払われる額（チェーン全体売上比6.7％）をあわせるとチェーン全体売上高に対する人件費の割合は10％強になります。

つまり、人件費の中で固定費になっているのは、本当にFC本部で働いている方々やFC指導で巡回するスーパーバイザーらの人件費のみで、チェーン全体でかかっている人件費全体の3分の1程度しかありません。人件費が大きなウエイトを占める本社費をいかに小さく身軽にするかは、チェーンストアが健全な成長をする上での重要課題の1つです。

一方、チェーン全体にかかる人件費のうち約7割が、粗利高の増減に応じて支払えばよい変動費となっているわけです。これであれば、FC本部の人件費負担のリスクは小さくでき、一方、FC側もオーナーが頑張った分だけ収入が

得られるというしくみとなり、**ウィンウィン構造**と言えます。

　FC店舗が稼ぐ日々の売上高から売上原価を差し引いた粗利額を、ワークマンが経営指導料として6割、FCオーナーが4割を分け合う契約で、FCオーナーの取り分から店舗諸経費を差し引いた後にFCに支払われる金額がFC側の人件費となります。差し引かれる経費を具体的に言うと、まずはFC店舗の光熱費などの店舗運営にかかる経費です。次に、1店舗あたり2250万円相当の在庫が開業と同時にFCオーナー名義になりますが、この金額はオーナーが到底一括で支払える額ではありません。そこで、本部が**全額貸付**をする形にして、毎月金利を乗せて無理なく返済できるようになっており、その月額返済分が差し引かれます（注）。つまり、FCが稼いだ粗利から、FC本部の取り分、店舗人件費を除く店舗でかかった経費や在庫の分割払い、および金利分が差し引かれた金額がFCオーナーに振り込まれるのです（次ページの図表4参照）。

> （注）FCオーナー名義となる店舗在庫は、契約終了時にワークマン本部がすべて買い上げる契約です。つまり、それまで分割で払い続けた代金は全額返済され、退職金代わりとなり、次のビジネスの資金や老後の生活費として活用できます。

　実際、差し引かれて振り込まれるのは、経営する夫婦の収入とアルバイト代に相当します。ワークマンはここを固定費ではなく粗利連動の変動費にしています。儲けてくれるところには相応に払いますが、儲からないところにはその分しか払わないというという構図にしている、つまり**変動費化**している、これが儲けおよび固定費負担軽減のしくみで、ワークマンのローコストオペレーションのポイントの1つめです。

≫ オーナーの1カ月の報酬金額は？

　FC本部に一方的に有利な条件に聞こえたかもしれませんが、同社専務取締

役の土屋哲雄氏の著書『ホワイトフランチャイズ ワークマンのノルマ・残業なしでも年収1000万円以上稼がせる仕組み』（KADOKAWA）に掲載されている、同社の1店舗あたりの平均月あたり売上高から1カ月の収入シミュレーションを表したのが図表4です。

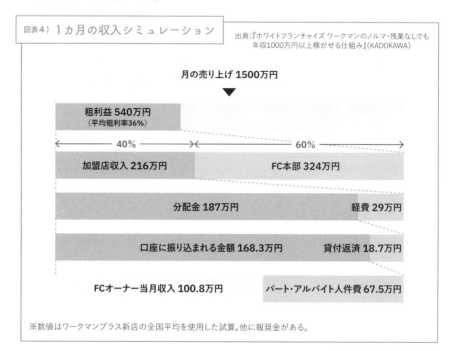

図表4）1カ月の収入シミュレーション

出典：『ホワイトフランチャイズ ワークマンのノルマ・残業なしでも年収1000万円以上稼がせる仕組み』（KADOKAWA）

月の売り上げ 1500万円

粗利益 540万円
（平均粗利率36%）

40%　　　　　　　　60%

加盟店収入 216万円　　FC本部 324万円

分配金 187万円　　経費 29万円

口座に振り込まれる金額 168.3万円　　貸付返済 18.7万円

FCオーナー当月収入 100.8万円　　パート・アルバイト人件費 67.5万円

※数値はワークマンプラス新店の全国平均を使用した試算。他に報奨金がある。

　月の売り上げが1500万円で粗利益540万円の場合、オーナー取り分の40％から店舗経費、在庫に関する返済金などが差し引かれて、オーナーに振り込まれるのは約168万円（この他に報奨金あり）。

　オーナーはそこからアルバイトの人件費を支払うことになりますが、手元に残るオーナー自身の報酬に相当する金額は約100万円。日本全国の同年代のサラリーマンの年収や、脱サラして一から独自のファミリービジネスを始める場合の収入の不安定さを考えても、決して悪くはない、まずまずの収入になりそうです（同著および同社フランチャイズ加盟説明資料より）。

≫ ワークマン vs. しまむら

同じ郊外中心に出店するしまむらとPLおよびBSを比べてみましょう。まずPLですが、ワークマンは非ファッション商品が中心で自社開発商品が多いため、販売価格と原価をコントロールしやすく、しまむらよりも売上総利益率が高くなっています（後述）。

販売管理費に関しては、人件費の割合にはそれほど差がありません。ワークマンは成果報酬型の人件費がその3分の2を占めることは既述の通りですが、しまむらはマニュアル化によりパート・アルバイトを戦力化することで知られています。一方、しまむらも多くの店舗を取得していますが、家賃を支払うショッピングセンターにも多数出店しています。そのため、ワークマンの家賃比率よりも地代家賃比率が高くなっているのがわかります。店舗への投資は、有形固定資産に表れますが、しまむらの方が大型店舗を出店するため（ワークマンの1店舗あたりの売場面積が87坪なのに対し、しまむらは300坪超）、ワークマンの有形固定資産よりも大きく見えています。

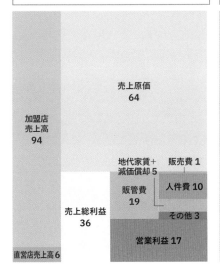

ワークマンチェーン全体（2022年3月期）〔PL〕

加盟店売上高 94
直営店売上高 6
売上原価 64
売上総利益 36
地代家賃＋減価償却 5
販売費 1
販管費 19
人件費 10
その他 3
営業利益 17

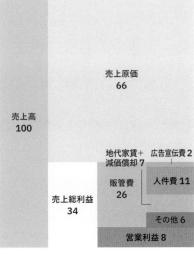

しまむら（2022年2月期）〔PL〕

売上高 100
売上原価 66
売上総利益 34
地代家賃＋減価償却 7
広告宣伝費 2
販管費 26
人件費 11
その他 6
営業利益 8

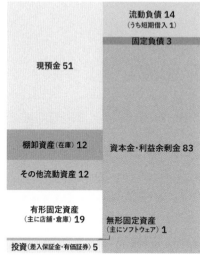

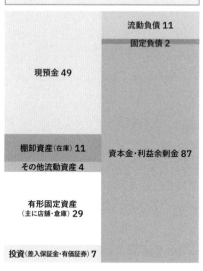

以上のように、ワークマンのローコストオペレーション経営の肝は、物件の
ほとんどがFC本部によって取得されているため、販売管理費の中の固定費が
他のチェーンストアと比べてもかなり低く済むこと、そして、人件費が変動経
費化され、稼ぎ(粗利)に連動していることによって成り立つローコストオペレー
ションであるという点です。

ワークマンの商品開発

　また、仕入れ商品を原価率65%で販売しようとすることは、郊外にチェー
ン展開する仕入れ型のチェーンでもできるかもしれませんが、そこにもワーク
マンならではのバリューがあります。ワークマンはバイヤー自らが商品開発
をして、自分たちで素材を選び、メーカーや工場と直接交渉して仕様書発注を
行っています。商社経由やメーカーからの仕入れもあるようですが、62.5%
(2019年の39%から飛躍的に拡大)が**オリジナル商品**で、戦略商品は自ら開発し、直

接発注してつくっているので原価は安く、それを高い原価率で顧客にバリューを感じてもらえるように低価格で販売します。

顧客が商品バリューを感じてもらえる低価格、低粗利率（粗利率36.1％、2022年3月期）で販売しても、その究極のローコストオペレーションに支えられた販売管理費の低さのおかげで、同社にはチェーン全体売上高対比で17％もの営業利益が残るのです（2022年3月期）。決算書上のFC本部＝ワークマンとしての同社の売上対比で23.1％です。ファーストリテイリングの12.9％（2022年8月期）、しまむらの8.5％（2022年2月期）と比べても高い収益性が際立ちます。

稼いだ営業利益は税引き後に投資、すなわち新規出店のための物件取得や店舗改装、店舗作業を効率化させるための前向きなシステム投資に循環させることで、ますます販売効率アップ、利益向上へとつなげていくことが可能です。

コストを抑えて、顧客のために価値のある商品を安く販売する。FCオーナーは持続可能なワークライフバランスとまずまずの収入を得る。本部は儲けた利益でビジネスの拡大と改善のための再投資を繰り返す。三方よし、キャッシュフロー経営のお手本のようなビジネスモデルがワークマンの勝利の方程式のベースにあるわけです。

ローコストオペレーションの上に無理なく積み上げる 新たなマーケットの需要

超ローコストオペレーションかつ持続可能な基盤の上に、ワークマン本社は2019年からさらなる店舗販売効率アップの施策を次々に打ち続けています。

1つめは、プロ向け販売で忙しい朝と夕方に比べ、比較的閑散としていた昼間の時間帯に対して、一般客に向けたスポーツウエア、アウトドアウエア需要

ワークマン

を見込んだことでした。これが、2019年から同社の売り上げが飛躍的に伸び続けている主要因です。実際、1日あたり1店舗あたりの買上客数はこの施策の後、110人前後から168人に増えています。約50人が一般客によって積み上げられた客数と言えそうです。

次に、2019年3月期から始めたユニホームの法人営業です。日中、店舗の近隣の零細・中小法人向けに、本部のセールススタッフとFC店舗のオーナーが営業をかけます。受注した商品は本部が調達し、FC店舗経由で法人に届けて店舗売上とします。いわゆる外商売上による上乗せです。ワークマンの知名度が上がれば、ここはもっと伸ばせるようになるでしょう。

≫ オンライン事前注文商品を近隣店舗で受け取る

さらに**オムニチャネル**対応の促進です。**クリック＆コレクト**（BOPIS＝Buy Online Pickup In Store）、つまりユーザーがオンラインで在庫があることを確認した上で注文し、近隣店舗で受け取ることができるサービスの普及です。ECモールである楽天市場から撤退した同社は、自社の公式サイトでのオンライン通販、ローカル店舗受け取りに力を入れます。

このサービスでは、店舗在庫が活用でき、倉庫→各店舗の既存ルート便物流網も利用できます。顧客もワークマン側も送料や追加運賃を負担せずに済み、顧客は自分の都合で欲しい商品をスムーズに受け取ることができるわけです。商品を受け取りに来た来店者のついで買いによる売り上げアップも見込まれます。

これらのローコストオペレーション、物流プラットフォーム、そしてバリュー商品の開発を活かせば、まだまだ来店機会、販売機会を上乗せし、生産性を上げるアイデアは出てきそうです。アパレルを中心としたワークマン女子やシューズ専門店に続き、レイン対応専門店なども検討中だそうです。

持続可能なローコストオペレーション、三方よしで次の世代へも引き継がせたくなるFC契約。商品開発力ばかりが話題になるワークマンではありますが、実はそのビジネス構造や経営思想からも学ぶことはたくさんありそうです。

Chapter 04 まとめ　　　　　　　　　　　SUMMARY

ゲームチェンジャーは
FC本部が店舗を資産化して家賃を軽減し、
FCオーナーと粗利連動型利益分配にすることで、
販売にかかる人件費を変動費化しながら、
オーナーも成果に応じた高報酬を得るしくみをつくる。

顧客に低価格でバリューを感じてもらう商品を提供するには、低粗利率、低販管費率のローコストオペレーションが求められるが、家賃と人件費の低減には限界がある。これに対して、店舗は本部が取得し、BS資産にすることで家賃負担を軽減する。人件費は減らすのではなく、粗利連動分配方式の成果報酬型とすることで、稼ぎに応じて報いる。販売モチベーションを上げ、販売効率を高め、顧客、FC、本部が三方よしとなる。

ゲームチェンジャーからの学び ....

- 機能商品を低粗利率で販売できる、店舗の資産化と人件費の変動費化によるローコストオペレーション。
- 粗利を本部とFC店舗が成果報酬型で分け合う持続可能なFCシステム。
- FCオーナー一家が無理のない家族生活を営める「頑張らなくていい」しくみづくり。

労働分配率

　小売経営の経費管理、利益管理は「売上対比」で見ることが多いものです。

　一方、売上総利益対比で見る「分配率」という指標があります。

　分配率には粗利に対する家賃比率を表す「不動産分配率」、人件費比率を表す「労働分配率」、広告宣伝費比率を表す「販促分配率」などが知られています。

■不動産分配率＝地代家賃÷粗利額

■労働分配率＝人件費÷粗利額

■販促分配率＝広告宣伝費÷粗利額

　本章でご紹介したワークマンは、FCオーナーとの利益分配を労働分配率と同様の発想で分け合っています。本部とFCオーナー（店舗販売）の役割を明確にして、店舗が稼いだ粗利額の6割を本部が得て、4割の中から諸経費差引後にFCオーナー側に割り当てる。この4割がFCオーナーへの分配率です。

　分配率が決まっていれば、FCオーナーはどれだけの粗利でどれだけの収入になるかが計算でき、頑張っただけ収入が増えることでモチベーションが高まります。小売業では、店舗や販売員に売上歩合で報酬や賞与を払うケースがあります。しかしその前提は、支払って利益が残るだけの粗利があるということです。

　一方、粗利に対する一定率、つまり分配率だったらどうでしょう。販売員は粗利を増やせば一定率の報酬を得られ、粗利が増えた分、企業利益も増えるというわけです。

　粗利こそが販売管理費を払い、利益を残すための唯一の原資です。賃上げの原資として、生産性の向上が叫ばれる今、企業経営も従業員もハッピーになれる「労働分配率」に注目が集まることを期待したいです。

COSTCO

（コストコ）

有料会員制に支えられた
価値提供

#有料会員制　#低粗利率

#ローコストオペレーション　#EDLP

#安定操業　#更新率　#顧客ロイヤリティ

GAME
CHANGER **COSTCO** （コストコ）

THEME 有料会員制に支えられた
価値提供

これまでの常識

仕入れた商品原価に
必要経費と得たい利益を積み上げた価格で販売。
無料会員を増やしポイントという名の割引で囲い込み？

ポイント会員制

企業		顧客
購入客に ポイントカードを 配布し 無料会員を増やす	顧客囲い込み？ → ← 貯まったポイントが 支払い時に使える ロイヤリティ？	貯める喜び・ 割引でお得な気分

- ✔ 無料入会、ポイントでつながる
  関係で顧客ロイヤリティは短期的
- ✔ 特売頼みの薄利多売
- ✔ 自転車操業的なオペレーションに陥りがち

チェンジ

本章の概要

会員制の常識を変え、年会費を先にもらって利益を確保する。限りなく原価に近い価格で商品を提供することで顧客に最大価値を還元する。

ゲームチェンジャーの新常識

⋮

年会費を原資に限りなく商品原価に近いエブリデイロープライス（EDLP）で会員顧客に商品価値を提供する

年間会員制

企業

更新率**90%**

顧客

有料年会費を
前受して
利益の見込みを
立てる

年会費前払い

毎回どこよりも
安い価格で
お買い物

商品原価に近い
価格で提供

✔ 年会費を前払いしてでも買いたい
　顧客ロイヤリティに支えられたビジネス

✔ 年会費を原資にした原価に近い価値提供

✔ EDLPで安定操業

¥

COSTCO

EVERYDAY
LOW PRICE

ザ・ゲーム　CHANGE THE GAME

これまでの常識

- 小売業は仕入れ原価に必要経費と得たい利益を積み上げた価格で販売し、差引で残った利益が営業利益。
- 商品の売買差（粗利）と販売管理費のコントロールが事業利益のカギを握る。
- ポイント還元という名の割引でつながる顧客との関係性。

パラダイムシフト

- 人口減、競争激化、縮小する市場の中で、不特定多数の客数を増やすことには限界があり、むしろ顧客1人あたりの年間および生涯購買金額を増やすことがカギに。
- 値下げ価格で顧客を奪い合う商法にはきりがなく、薄利多売の消耗戦となる。
- ハイアンドローの競争をせず、いかに顧客を囲い込み、購入頻度を高めるかを考える時代に。

ゲームチェンジャーの新常識

- 顧客から徴収した年会費を原資に事業を運営し、限りなく商品原価（仕入れ原価＋調達・販売コスト他）に近いエブリデイロープライス（EDLP）で会員顧客に商品を提供する。
- 売買差から得る利益はわずかでも、年会費収入が営業利益を支えるビジネスモデル。
- 高更新率で顧客とつながり、先を読みながら成長を続ける事業が勝ち残りのカギ。

| 安定成長の理由 | 有料会員制の顧客ロイヤリティと限りなく原価に近い価格提供 |

年会費が原資となり、顧客にバリューを提供するオペレーションに集中する。高い更新率（顧客ロイヤリティ）に支えられ、収益の先読みができ計画成長、計画安定仕入れが可能に。

年会費に支えられた
会員制小売ビジネスモデル
COSTCO

　チャプター5では世界の小売業界の中でウォルマート、アマゾンに次ぐ第3位の売上規模を誇る会員制ホールセールクラブ、COSTCO（コストコ）のビジネスモデルをご紹介します。

　なぜここでコストコかと思われたかもしれません。顧客とのエンゲージメント（つながり）とライフタイムバリュー（LTV、顧客生涯価値）を考えなければいけない時代に、わざわざ、しかも前払いしてくれる年会費で顧客とつながり続けている同社のビジネスモデルはユニークです。そんな会員顧客に最大限のバリューを提供するためにローコストオペレーションに徹するアプローチが、こ

れから顧客とつながりながら持続可能なビジネスの構築を考える上で参考になると考えたからです。

≫　世界トップクラスの規模でありながら年平均8％の成長

　コストコは1983年にアメリカのシアトルで創業した、衣食住、日常生活に関わる日用品を中心に販売する会員制の倉庫型の小売業です。建前はホールセール（卸）、つまり法人向けですが、実際は法人、個人にかかわらず年会費を支払う会員に対して卸売り価格並みのお得な価格で買い物ができるバリューを提供する小売業です。アメリカの578店舗、カナダの107店舗を中心に、イギリス（29店舗）、メキシコ（40店舗）、日本（31店舗）、韓国（17店舗）、オーストラリア（13店舗）、台湾（14店舗）、スペイン（4店舗）、フランス（2店舗）、中国（2店舗）、アイスランド（1店舗）の12カ国に計838店舗を展開し、売上全体の7％を占めるEコマース（EC）販路でも販売しています（2022年8月末時点）。

　同社の2022年8月期の世界売上高は日本円換算で約31兆円です。うち72％にあたる約22兆円をアメリカが占めます。日本の大手流通トップ、セブン＆アイの売上高が8兆8749億円（2022年2月期）、イオンが8兆7159億円（同）ですから、アメリカの市場の大きさに驚かされます。

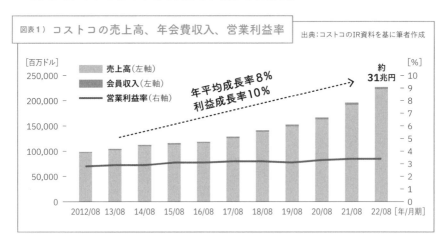

図表1）コストコの売上高、年会費収入、営業利益率　　　　出典：コストコのIR資料を基に筆者作成

　年会費収入を含む年間売上高は過去10年、年平均8％の成長を続け、10年前の2.3倍となり、営業利益は年平均10％増え続け、同2.8倍となりました。店舗数はアメリカを中心に年平均23店舗の出店、年3％程度の増加率ですので、新店出店による売上増よりも、既存店の売り上げの伸びが同社の成長を支えていることがわかります。

年会費に支えられ、薄利でも安定的に利益を出せるしくみ

　営業利益率は決して高くなく、毎年3％前後です。会員顧客にバリューを提供するために、あたかも自社の取り分は3％前後あれば十分と考えているかのように、コントロールされていると思えるほど安定しています（図表1）。

　そんな薄利のビジネスにおける同社の安定収入源が、顧客から徴収する年会費です。毎年、年間収益の2.0～2.2％程度の年会費収入がありますが、この年会費は実は仕入れ原価のかからない、粗利100％の収入です。かつては同社の営業利益の75％を年会費収入が占め、近年では60％を切っていますが、同社の営業利益が年会費収入によって支えられていることは明確です（図表2）。営業利益に占める年会費収入の割合が下がっているのは、売上高の伸びが年会費収入の伸びを上回っているからです。ここから、会員1人あたりの年間購買額が増えていることが想像できます。

　年会費についてお話しすると、アメリカとカナダで年間60ドル（1ドル＝130円換算で7800円）です。プラス60ドル払うとエグゼクティブ会員になれ、最大1000ドル（同13万円）を上限とする年間購入金額に対する2％の購入額還元（キャッシュバック）があります。そのエグゼクティブ会員が会員全体の60％くらいを占めています。1年間の期限満了後の更新率はアメリカ、カナダで91％、グローバルで89％とのことで、会員満足度が高いことが感じられます。日本においては、個人4840円、法人4235円。エグゼクティブ会員の年会費は9900円で

す（2022年12月時点）。

図表2）年会費収入が営業利益に占める割合

出典：コストコのIR資料を基に筆者作成

[百万ドル]
- 販売活動の儲け（左軸）
- 年会費収入（左軸）
- 年会費収入営業利益比率（右軸）

会員制を営むメリット

　会員制の強みは、リピート顧客に支えられていることです。つまり、有効期限が残っている間は再来店が期待できます。そして、同社の年会費の更新率が90％という統計データがありますので、期限終了後も更新してくれる会員顧客からの継続的な購入が期待できるわけです。

　小売業のビジネスにおいては一般的に、店舗があれば前年の実績に対して翌年も一定の売り上げを期待できるものですが、それはあくまでも経験則に基づく期待値であって、必ずしも保証されるものではありません。その点、顧客側からわざわざ年会費を、しかも前払いしてまでつながってくれる会員制は、顧客が満足してつながり続けてくれる以上、未来の売り上げがある程度読めるわけです。これほどのありがたい売上保証はありません。更新率は従来の小売業にはない、有料会員制サービスやサブスクリプションビジネスのKPIの1つです。

　そして、繰り返しますが、年会費収入は粗利100％の収入です。たとえ販売活動が薄利であったとしても、しっかり事業の営業利益に貢献する手堅い原資なのです。

年会費に支えられる超ローコストオペレーション

　そんな年会費収入と顧客基盤に支えられることによって、コストコは自身の日頃の営業活動をいかに顧客に還元できるか、どうしたら顧客に喜ばれるかを考えることに徹することができるわけです。

　下の図はコストコとウォルマートの損益計算書（PL）と貸借対照表（BS）です。

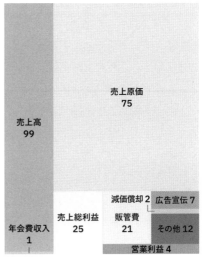

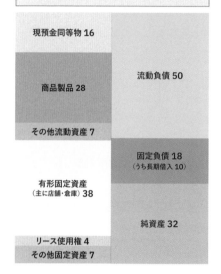

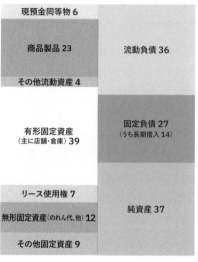

PLを見て驚かされるのは、コストコの売上原価率が89.5%と極めて高いことです。そして、商品の売買差（10.5%）に年会費収入を足したたった12.1%の粗利率を、これもまた極めて低い8.7%という売上高販管費率で回しているということです。日本のスーパーマーケットの粗利率は25%前後、コストコのライバルであるウォルマートの粗利率も25%前後ですから、コストコが得ようとしている粗利率はそれらの半分程度です。会員顧客にバリューを提供しようとしていることが粗利率の低さからわかります。

売上原価率が高いのは、もちろんコストコが高く仕入れているからではなく、これからご説明するように、多くの人が欲しがる商品をできるだけ安く仕入れ、ローコストオペレーションに徹し、限りなく商品原価に近い価格で顧客に提供するしくみができていることの表れです。

品目の絞り込みと無駄の少ない物流

　同社では、バイイングパワーと安定供給によってメーカー出しの仕入れ原価を下げるために、まずは平均売場面積4000坪の店舗販売において、衣食住の取り扱い商品を人気商品4000SKU（Stock Keeping Unit：商品の最小管理単位）にまで絞り込みます（ECでは9000～1万1000SKUを展開）。その4000 SKUには多くの顧客に人気の高回転で売れるナショナルブランドに加え、ベーシックなコストコのプライベートブランドが含まれます。

　メーカーとの交渉時には、会員顧客に一定期間継続して販売するため特別な販促費やリベートはいらない、その代わり常に安定的な安い原価で供給し続けるように求めるそうです。

　同社が販売を決めた商品は、店頭の需要にあわせて工場やメーカー倉庫から直接コストコの地域中継倉庫に運ばれ、そのままクロスドックで同社が「倉庫」と呼ぶ店舗まで届けられます。届けられた生鮮加工商品を除く商品の多くはダンボールごとパレットに乗せられ、フォークリフトで店内の売り場に運ばれ、パレットに乗せられたまま、ダンボールのままの状態で、**セルフ販売方式**で顧客に販売されます。

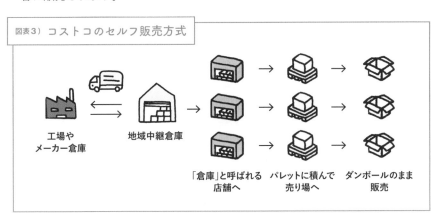

図表3）コストコのセルフ販売方式

工場や
メーカー倉庫　　　地域中継倉庫

「倉庫」と呼ばれる　パレットに積んで　ダンボールのまま
店舗へ　　　　　　売り場へ　　　　　販売

　コストコに買い物に行ったことがある方はおわかりのように、会員顧客はま

るで倉庫の中で商品をピッキングをするように買い物をしているような雰囲気です。

そんな陳列販売方法に対して、同社は「顧客が関心があるのは、商品のクオリティーと価格であって、店の内装ではない」と割り切ります。

バリューのある商品の山積みこそが、最高の陳列方法（ビジュアルプレゼンテーション）と言わんばかりの圧倒される陳列も少なくありません。同社ではメーカーから仕入れ、店頭に並ぶまでの物流費・加工費などが売上原価の中に含まれています（フレッシュフードの場合は食品加工に携わる店舗人件費も含む）。

ローコストオペレーションと高回転で在庫を回す

次に、コストコが得る12.1％の粗利に対して、販売にかかる販売管理費9.5％の中身はクレジットカードの手数料や人件費だそうです。多くの小売業が集客のためにかける広告宣伝費を一切かけずに、その分顧客に商品を低価格で還元するのがコストコのポリシーです。人件費は店舗のレジやサービスカウンターのスタッフおよび本部社員のみ。基本的に店舗も中継倉庫も物件はほぼ自社で取得しているので、取得できなかった土地の賃借料がわずかにあり、そこに微々たる減価償却費が計上されるのみです。

BSを見ると、中継倉庫や店舗を自社取得しているため、有形固定資産が大きめであることがわかります。一見、在庫も大きく見えますが、これは1店舗あたり4000坪と巨大な店舗を運営しているためで、在庫回転日数を計算すると30日程度で高回転しているのがわかります。同社の年次報告書にも「ベンダーに支払いをする前に販売して売上金を回収している」と記載があります。これは食品・日用雑貨や生鮮食品のような顧客購買頻度の高い品目の売上構成比が約55％を占めるからということもあるでしょう（図表4）。

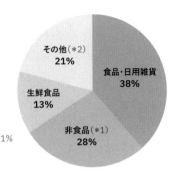

図表4) コストコの商品カテゴリー別
売上構成比 (2022年8月期)

出典：コストコのIR資料を基に筆者作成

＊1　うち家電、工具、文具などハードラインが18％、
　　　アパレルやホームファッションのようなソフトラインが11％
＊2　その他は旅行や保険といったサービスや、
　　　併設するガソリンスタンドの売り上げなど

コストコから学ぶ真のローコストオペレーション

　そもそも、ローコストオペレーションをしようと思ったら、みなさんはどんなことを思い浮かべるでしょうか？　削減できる経費を見つけて削ったり、経費が安くなるように取引先と交渉をしたり、安い取引先に切り替えることでしょうか。また、人手がかからないように、販売スタイルを徹底的なセルフ販売にしたり、少人数でも誰にでもできるように業務を標準化したり、簡素化を図ったり、あるいはシステムを導入して自動化による少人化や省人化を考えるでしょうか？

　しかし、そんな表面的な対応は、ルールを変えずに、あるいは目的や意図を浸透させずに導入すると、下手をすると現場がイレギュラーな対応に追われたり、システムに振り回されたりして現場が疲弊してしまい、逆に生産性が下がったり、余計に経費がかかったりするという話をよく耳にします。

　それらはあくまでも、短期的な手段としては有効かもしれません。しかし、ローコストオペレーションを行う上で最も効果がある王道は業務の平準化です。つまり、アップダウンの激しい需要の変化や業務効率のばらつきによって

発生する、イレギュラーな経費発生やロスがなくなるように、会社全体が一定のリズムをもって、現場が無理なく業務を行えるように体制を整えることがローコストオペレーションの本質＝平準化です。

≫ 無理、無駄がなくばらつきがないことが利益につながる

コストコの過去10年間の財務諸表から売上高を1段階ブレイクダウンしたセグメント情報を見ていて気付くのは、同社は徹底して同じリズムで仕事をすることを意識しているのではないか、ということです。

同社はこれまで、年平均成長率8％で売り上げを伸ばし、同10％で営業利益を増やしてきましたが、例えば、セグメント情報の中の地域別売上構成比を見ると、

> **アメリカ＝72%、カナダ＝14%、その他＝14%**

の構成比を長年維持しています。

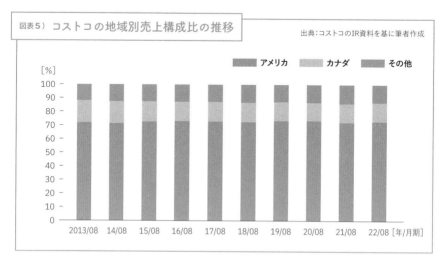

図表5）コストコの地域別売上構成比の推移

出典：コストコのIR資料を基に筆者作成

次に、年間のカテゴリー別売上構成比を見ても、

食品・日用雑貨 = 39〜40%、非食品 = 27〜28%、
生鮮食品 = 13〜14%、その他 = 19〜20%

の構成比がほとんど変わりません。

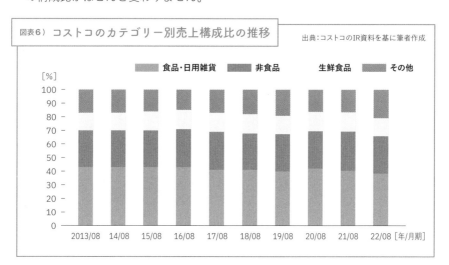

図表6） コストコのカテゴリー別売上構成比の推移　　出典：コストコのIR資料を基に筆者作成

また、四半期別売上構成比も同様です。

　同社は8月末決算で、第1四半期が9〜11月の秋シーズン、第2四半期が
12〜2月の冬シーズン、第3四半期が3〜5月の春シーズン、第4四半期が6
〜8月の夏シーズンにあたりますが、四半期別売上構成比はほぼ均等です。

　食品・日用雑貨や生鮮食品が52%を占め、デイリー商品が中心とはいえ、
一般的に小売ビジネスには季節波動というものがあるもので、特にアメリカを
主戦場に商売をしているのなら、サンクスギビングからクリスマスまでの11
月、12月を含む、同社の第2四半期の冬シーズンの売り上げが大きくなるの
ではと想像します。ところが、過去10年間の四半期別売上構成比を算出して
並べてみても、全四半期がほぼ同じ25%前後になっているのです。

厳密に言えば、同社は第1四半期から第3四半期までは12週間、第4四半期を16週間で決算しているので、これらを1つの四半期が均等に13週間分になるように計算するとほぼ4等分になります（図表7）。

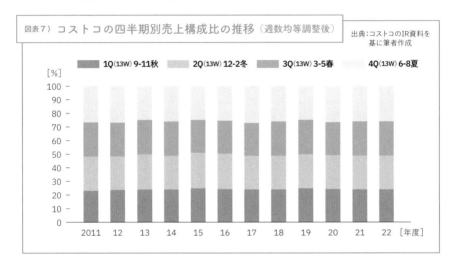

図表7）コストコの四半期別売上構成比の推移（週数均等調整後）

出典：コストコのIR資料を基に筆者作成

1Q(13W) 9-11秋　　2Q(13W) 12-2冬　　3Q(13W) 3-5春　　4Q(13W) 6-8夏

　そして、売上構成比だけでなく、四半期別の営業利益率も年間を通してほぼ変わりません。

　四半期、つまり季節によって需要変動、業務変動がなければ、どんなメリットがあるでしょうか？　人件費は年間を通じてほぼ一定で、安定的な雇用を確保すればいいわけです。同様にその他の経費も、無理に減らしたり増やしたりする業務から解放されます。もちろん、月単位、週単位、曜日単位、時間単位では業務波動はあるかと思いますが、四半期単位でばらつきを少なくすれば、業務の平準化はしやすくなるものです。

　これらは意図して、計画的に行ってこそ実現するバランスであり、目先の売り上げだけを追って特売を連発している小売業には、実現が難しいことでしょう。

　結局、ばらつきがない方がオペレーションが安定して、結果的にローコストで済み、利益が増えることが製造業でもチェーンストアでも立証されています。

　日本のスーパーマーケットの施策に代表されるハイアンドローは、チラシなどの販促を入れたときにガンと売れ、一時的に売り上げが上がっても、一方で準備や後始末やイレギュラー対応に経費がかかるもので、差引すると利益が薄利に終わることも少なくないようです。

　それに対して**エブリデイロープライス**は需要予測がしやすく、売り上げも業務も平準化しやすく、経費コントロールも効きやすいため、結果、利益が確保できるのです。

会員制から顧客とのつながりを学ぶ

　日本では、無料でポイントカードをばらまいて会員数の多さを誇り、たくさん買ってくれた方々にたくさんポイント還元したり割引したりする「値下げ」で顧客をひきつける**ポイント会員制**が一般的です。一方、今回ご紹介したコストコの会員制ビジネスは、前受け、つまり先に預かった年会費を原資にして、入会期間中に事業活動を通していかに顧客に還元できるかを考え続けるビジネスモデルです。

　近年増えているサブスクリプションビジネスでも同じことが言えます。前払いしてくれる顧客の期待、それに応え続ける企業の覚悟が必要であることは言うまでもありません。そして、更新時に更新率という数字で顧客ロイヤリティが表れるのです。

　顧客の生涯価値＝ライフタイムバリューが問われる時代に、有料会員制でつながるという選択肢があった場合、小売業はどんな価値を顧客に還元できるでしょうか？　それを考えることで、顧客にとっての自社のあり方が再考できる

のではないでしょうか？ コストコの有料会員制のビジネスモデルは、これか
らの顧客とのつながり方を考える上で参考になります。

アウトドアブランド、モンベルの有料会員制度 「モンベルクラブ」

　国内に約130店舗展開し、年商850億円（2021年8月期）のアウトドアブランド、
モンベルは入会金無料、年会費1500円の有料会員制度を提供しています。

　モンベルの店舗やECサイトでは、もちろん会員でなくても誰でも買い物が
できますが、「モンベルクラブ」はロイヤルカスタマーに提供している同社独
自の有料会員制度です。会員には、情報誌やカタログ、提携先での特典・優待
ガイドが届き、有料会員限定のポイント還元、オンラインや店舗で購入時の送
料無料サービスなどが提供され、旅の先々でメリットのあるロイヤルカスタ
マー向けの各種サービスもあります。さらに、年会費から50円を自然環境保
護や社会活動に運用するファンドに積み立てる制度も含まれています。この有
料アクティブ会員数が制度導入から35年目の2021年4月に、ついに100万人
を超えたそうです。
　大ファンであるモンベルとつながっていたい顧客から、ポイント還元や送料
無料、特典で支払った年会費の元を取りたいと思っている顧客まで、いろいろ
な思い、期待で年会費を前払いしていると思いますが、モンベルがこんなにた
くさんの会員数に支えられていることに驚かされます。同社の年会費収入は
ざっと計算して、年間売上の約1.7％に相当します。

Chapter 05 まとめ

ゲームチェンジャーは
有料会員制の年会費で利益を確保する。
安く仕入れた人気商品の原価に、
極限までそぎ落としたローコストオペレーションで
かかった費用を乗せるだけで顧客に価値を還元する。
会員更新率90％は顧客満足と持続可能な経営の証。

　スーパーやディスカウントストアのようなハイアンドロー型の不特定
多数向け薄利多売ビジネスは、売れる時に経費もかかり、損益のコント
ロールが不安定。有料会員制とし、顧客から年会費を徴収して利益を確
保した上で、毎日安定的な低価格を提供すれば、売り上げの変動幅は小
さくなり、運営コストが年間を通じて安定することで、利益も安定する。
真のローコストオペレーションは安定操業から生まれるもの。高い更新
率はブランドロイヤリティ最大の資産。

　ゲームチェンジャーからの学び ．．．．．．．．．．．．．．．．．．．．．．．．．．．．．．．

- 粗利率100％の年会費が前払いでもらえるからこそできる価値提供。
- 倉庫、店舗をBS資産化した上で家賃を減らし、顧客が求めない手間はか
  けない徹底したローコストオペレーション。
- エブリデーロープライスによる安定操業。

決算期と四半期決算

　小売業の決算期は2月決算や8月決算が多いものです。ニッパチと呼ばれる2月と8月を含む月は売り上げが低く、赤字になることが多いため、小売業は3月や9月を本決算月にしてしまうと、2月と8月を含む四半期が赤字になる可能性が高くなるからです。

　そしてファッション小売業にとっては、もう1つ理由があります。それは、2月と8月を半期末とすることで四半期と春夏秋冬のそれぞれのシーズン販売計画を一致させやすいからです。

　そうすると、四半期ごとに季節特性が表れます。

　秋冬シーズンはアウターの単価が高いことと、定価販売が中心の2つの理由で秋シーズンを含む四半期が一番儲かります。一方、単価が低く、なおかつバーゲンがある夏シーズンを含む四半期は利益率が低く儲けづらいのものです。日本では百貨店アパレルからユニクロまで、多くのアパレル企業が秋に儲け、夏に利益を擦る傾向が見られます。

　ところが、グローバル企業であるZARA（1月決算）やH&M（11月決算）の四半期決算を見ると、たしかに秋の四半期が一番売り上げが高く、利益率も高いのですが、夏を含む四半期も利益率は決して低くないのです。単価は安くても、観光地で買い物をするバカンス需要に対して、それを見越して閑散期生産も組み合わせて安価でも利益率の高い商売をしているようです。

　地球温暖化で秋が短くなり、夏が長くなっていくのに対して、気温の影響を受けやすいアパレルビジネスは知恵の絞りどころです。

LVMH
（モエヘネシー・ルイヴィトン）

ブランドを買収して
資産価値を磨く

#ブランドビジネス　#M&A

#無形固定資産　#商標　#のれん　#広告宣伝費

#リブランディング　#事業ポートフォリオ　#交差比率

GAME
CHANGER **LVMH**（モエヘネシー・ルイヴィトン）

THEME ブランドを買収して
資産価値を磨く

これまでの常識

PL思考。
ブランドは商売を通じて育てるもの。
旬が過ぎ、ライセンスの切り売りを行うと大衆化

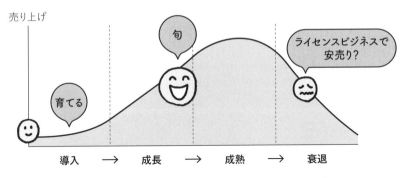

ブランドは広告や商売を通じて信用と知名度を上げ、
時間をかけて育てるが、時間とともに衰退する

- ✔ ブランドにはライフサイクルがある
- ✔ 確立して収益化するまで時間がかかる
- ✔ 旬を過ぎると飽きられライセンスビジネスへ
- ✔ 大衆化によりブランド価値は低下する

チェンジ

本章の概要

ブランドビジネスの常識を変え、ブランドをつくり、育ててライセンスを切り売りするのではなく、買収して資産とし、モダンに磨き、ブランド自体の付加価値を高め続ける。

ゲームチェンジャーの新常識

BS思考。
M&Aでブランドの歴史を時間で買って資産化する。
価値を消耗させるのではなく、付加価値を磨く

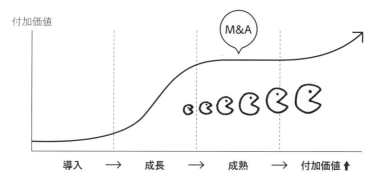

有力なタイムレスブランドを買収して
無形固定資産を保有する

✔ 知名度が高いブランドや過渡期のブランドを買収
✔ 拡販するのではなくセレクティブマーケティングに
 広告投資も加えて付加価値を高めていく

ザ・ゲーム　CHANGE THE GAME

これまでの常識

- ブランドは広告や商売を通じて信用と知名度を上げ、時間をかけて育てるもの。

- 広告宣伝費は客数を増やし、売上高・粗利額を増やすために効率よく使うもの。
  PL思考。

- ブランドにも導入、成長、成熟、衰退のライフサイクルがあり、旬を過ぎると衰退
  するか、マスブランドになりブランド価値が消耗する。

パラダイムシフト

- 世界的な所得の2極化、消費の2極化。

- 富裕層への富の集中、新興国における富裕層の増大。

- 中間層の消費者は富を得て富裕層マーケットに向かうか、マスマーケットの流通革
  新者によるバリュー商品を購入する。

ゲームチェンジャーの新常識

- 有力ブランドを買収してタイムレスブランド（無形固定資産）を保有する。BS思考。

- 価値を伝えて、価値を高めるセレクティブマーケティングにつながる広告宣伝にお
  金をかけ、価格競争をせず利益を高める。

> 急成長・高利益率の理由
>
> **M&Aでブランド資産を保有してブランド価値を磨いて利回りを高める**
>
> 過渡期にあるタイムレスブランドをプレミアムを付けて買収し、話題性のあるリブラ
> ンディングをしてブランド価値に磨きをかけ、付加価値を高め続ける。稼いだ利益は
> 新たなM&Aの原資となる。

有力ラグジュアリーブランドを買収して磨きをかける

モエヘネシー・ルイヴィトン
LVMHの投資ポートフォリオ

　本書ではこれまで、比較的マスマーケット向けの流通革新の事例を取り上げてきました。チャプター6では富裕層向け有力ラグジュアリーブランドを次々に買収し、価値を高めることで年平均10%の成長と毎年20%以上の営業利益率を稼ぎ続ける、ルイ・ヴィトン、クリスチャン・ディオール、ブルガリ、ティファニー、モエ・エ・シャンドン、ヘネシー、ドン ペリニヨンなどの名だたる高級品を世界展開するフランスのコングロマリット企業、LVMH（モエヘネシー・ルイヴィトン）のビジネスモデルをご紹介します。

これまでご紹介してきた企業は、損益計算書（PL）の営業利益率の高さが、在庫運用や有形固定資産を活用した販売機会ロス削減やローコストオペレーションによって生み出される、つまり効率的に利益を稼ぐビジネスモデルが中心でした。これに対してLVMHは、継続的な高成長、高利益率の秘密が貸借対照表（BS）の中でも無形固定資産への投資にあるユニークな企業です。

成長の軌跡とビジネスモデル

　図表1はLVMHの2011年度からの売上高および事業別内訳とグループ全体の営業利益率の推移です。

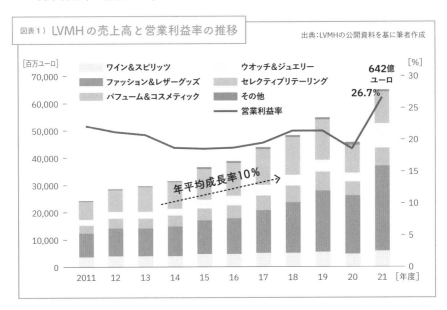

図表1）LVMHの売上高と営業利益率の推移　　出典：LVMHの公開資料を基に筆者作成

　同社はファッション＆レザーグッズ、ワイン＆スピリッツ、パフューム＆コスメティック、ウオッチ＆ジュエリー、セレクティブリテーリング（小売）、その他の6つのセグメントに合計75の富裕層向けブランドを傘下に抱える企業です。

　日本円に換算して、すでに8兆円を超える売上規模ながら、コロナ禍の2020年度を除き年平均10%で成長し、常に20%前後の高い営業利益を上げ続け、過去10年間で売上高は2.3倍、営業利益は2.9倍になりました。

　まずは、LVMHのPLとBSから同社のビジネスモデルの特徴を読み取ってみましょう。下の図は2021年12月期のPLとBSです。

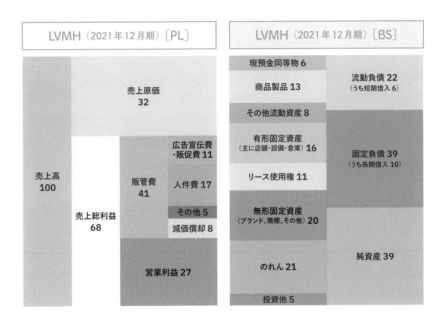

　PLの営業利益率が26.7%と高い理由は、ブランド価値を伝えるために販売管理費をかけ、売上総利益を68.3%と高く得ているためです。ワイン&スピリッツやパフューム&コスメティック事業（売上構成比合わせて20%弱）には卸売上が含まれますが、売り上げの大多数を占める直営店での販売に対して、人件費16.4%、地代家賃（減価償却とあわせて推定10%強）の2大経費に加え、**広告宣伝費**を11.4%もかけていることが特徴です。一般的な小売業の広告宣伝費は3%前後。それに比べて4倍近くかけていることになります。

売上総利益率（粗利率）は付加価値率とも呼びますが、広告宣伝は単品や価格訴求ではなく顧客にブランドのストーリーや価値を伝えながら、商品（売上原価）に高付加価値をつけているビジネスであることがわかります。

　続いてBSです。無形固定資産のブランド・商標と、のれん代の大きさが際立ちます。一般の小売業であれば、無形固定資産といえばシステム投資が中心で、BSにはそれほど大きくは表れません。また、ブランド企業であっても、自らが立ち上げ、育てたブランドであれば、決算書上にはその価値は計上されません。しかしLVMHの場合は、すでに存在する有名ブランドを次々に買収することで、規模を拡大してきた企業です。そのため、買収したブランドの評価が無形固定資産のブランド・商標に計上され、それらのブランドの市場価値にプレミアムをつけて買収した際の上乗せ分がのれん代として計上されます。この無形固定資産とのれん代を合算した金額が、実に同社の資産額の約4割を占めているのです。これは同社の純資産額とほぼ同額の水準です。

　また、資産の16％を占める有形固定資産には、土地、店舗、内装、建物、設備もありますが、ワイン＆スピリッツ事業を運営しているため、製造原料となるブドウを育てるための土地やバインヤード（畑）が含まれ、有形固定資産全体の13％を占めています。大地の恵みから製品まで一気通貫に関わる企業ならではの、流通業には珍しい有形固定資産の1つです。

同業ケリングとの比較

　LVMHのビジネスモデルを、やはり多数のラグジュアリーブランドを傘下に抱える、同業のケリング（グッチ、サンローラン、ボッテガ・ヴェネタなどを展開）と比較してみましょう。
　同社もブランドのM&Aで成長した歴史を持つ企業ですが、LVMHで言うところのファッション＆レザーグッズセグメントが中心です。

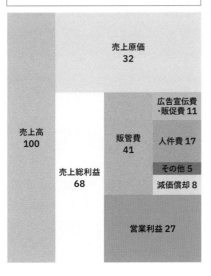

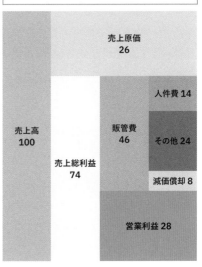

PLの形はほぼ同じように見えます。

BSではケリングもブランド・商標とのれん代が目立ち、両社は似たビジネスモデルと言えますが、両社の売上高と総資産に4倍の差があるのに対して、LVMHののれん代の大きさが約9倍あり、目を引きます。つまり、LVMHの方がプレミアムをつけてでも欲しいと思ったブランドを買収する傾向が強いようです。

LVMHはこの10年でどう変わったか

LVMHは昔から同じビジネスモデルだったのかを見るために、10年前のPL、BSと比べてみましょう。まずはPLです。

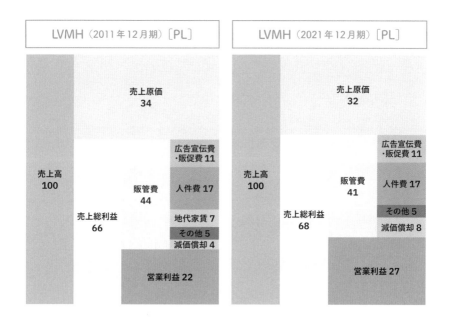

10年前も広告宣伝費をかけて売上総利益を稼ぐモデルでしたが、売上総利益（粗利）率が高まっていることがわかります。次にBSです。

LVMH（2011年12月期）[BS]

現預金同等物 5	流動負債 20 （うち短期借入 7）
商品製品 16	
その他流動資産 7	固定負債 30 （うち長期借入 9）
有形固定資産 （主に店舗・設備・倉庫）17	
無形固定資産 （ブランド、商標、その他）24	純資産 50
のれん 15	
投資他 16	

LVMH（2021年12月期）[BS]

現預金同等物 6	流動負債 22 （うち短期借入 6）
商品製品 13	
その他流動資産 8	固定負債 39 （うち長期借入 10）
有形固定資産 （主に店舗・設備・倉庫）16	
リース使用権 11	
無形固定資産 （ブランド、商標、その他）20	純資産 39
のれん 21	
投資他 5	

　途中、会計基準が変わったため（IFRS16適用）、2021年12月期にはリース使用権が計上されていますが、明らかにのれん代が増えていることがわかります。売上高が2.7倍、総資産が2.6倍になった増加率に対して、のれん代が3.7倍とそれ以上に大きくなっています。つまりこの間、プレミアムをつける大きなM&Aをしたことがわかります。それは2011年のブルガリと2021年のティファニーです。

LVMHのM&Aの歴史

　ここで、2022年12月時点で75の高級ブランドを抱えるLVMHのM&Aの歴史をレビューしてみましょう。

出典：M&A Onlineを基に一部加筆

1971年	父が経営する建設会社フェレ・サヴィネルにアルノー氏が入社
1974年	アルノー氏、フェレ・サヴィネルの社長に就任
1984年	アルノー氏、フィナンシエール・アガシュ（Financière Agache）を買収し社長に就任。クリスチャン・ディオール（Cristian Dior）を所有する仏繊維会社のブサック・サンフレール（Boussac Saint-Frères）を買収
1987年	ルイ・ヴィトン（Louis Vuitton）とモエ・ヘネシー（Moët Hennessy）が合併して誕生したLVMHの経営権を取得（業務提携）
1988年	ジバンシィ（GIVENCHY）、セリーヌ（CELINE）を買収。6月にLVMHの株式30％を取得、9月に保有割合を4割まで高める
1989年	LVMHを完全に買収。グッチ（GUCCI）の株式取得めぐりPPR（現：ケリング）と買収合戦になるも断念し株式を手放す
1993年	ベルルッティ（Berluti）、ケンゾー（KENZO）を買収
1994年	ゲラン（GUERLAIN）を買収
1996年	ロエベ（LOEWE）を買収
1997年	免税店チェーンのDFSを買収
1999年	シャンパーニュメーカーのクリュッグ（Krug）、ワイナリーのシャトー・デイケム（Château d'Yquem）を買収。タグホイヤー（Tag Heuer）、ゼニス（ZENITH）、ショーメ（Chaumet）を傘下に
2000年	エミリオプッチ（Emilio Pucci）を買収
2001年	プラダと共同でフェンディ（FENDI）を買収。LVMHはフェンディの流通・販売権を取得
2003年	エベル（EBEL）をモバード・コンコルドグループへ売却
2008年	ウブロ（HUBLOT）を傘下に
2010年	エルメス（HERMÈS）の株式を非公開で買い進めていたことが発覚し訴訟に発展
2011年	ブルガリ（BVLGARI）の株式51％を取得し傘下に
2014年	ワイナリーのクロ・デ・ランブレイ（Clos des Lambrays）を買収。エルメスとの和解成立（8.5％の株式保有は維持し今後5年間は買い増ししない）
2016年	ダナ・キャラン（Donna Karan）とDKNYをG-IIIアパレル・グループに売却
2018年	英高級旅行会社のベルモンド（BELMOND）を買収
2019年	ステラ マッカートニー（Stella McCartney）を傘下に。ワイナリーのシャトー・デュ・ガルペ（Chateau du Galoupet）を買収
2021年	ティファニー（Tiffany）を買収

　LVMHは1987年、富裕層向けに旅行鞄を製造販売するルイ・ヴィトンと、

やはり富裕層向けに酒類を製造販売するモエ・ヘネシーの合併によって生まれます。しかし、同グループのM&Aの歴史は、LVMHの現CEOのベルナール・アルノー氏が1984年にクリスチャン・ディオールを傘下に持つ繊維会社、ブサック・サンフレールを買収した時に遡って語る方が良さそうです。

アルノー氏は1984年に世界的な知名度のあるクリスチャン・ディオールを手中に収めたのに続き、ジバンシィ、セリーヌといった著名ブランドを傘下に収め、話題のデザイナーを起用し、プロ経営者の下、ブランドを活性化させていく手法に手応えを得ます。

アルノー氏と同じように、「ブランドを1からつくることには時間がかかる、それよりも、M&Aによって確立されたブランドを手に入れる方が効率的だ」と考えていたのは、当時のルイ・ヴィトンの経営者、アンリ・ラカミエ氏でした。同氏は、アラン・シュバリエ氏率いるモエ・ヘネシーと合併し、1987年にLVMHを設立します。

高齢だったラカミエ氏はLVMHの統治にあたり、若くてやり手のビジネスマンだったアルノー氏に協力を求めたところ、アルノー氏は自社の事業の一部を売却して得た資金でLVMHの株式を大量取得（最初は30％、間もなく40％に買い増し）して、大株主として経営に参画します。

アルノー氏は当初からラグジュアリーブランドの一大コングロマリットづくりを目論んでいましたが、実は一番の狙いは、LVMHが保有していた、自分が最も愛するブランドであるクリスチャン・ディオールのパフューム部門、パルファン・クリスチャン・ディオールの権利を取り戻すことだったと言われています。当時も今も、ラグジュアリーブランドにとってパフューム事業は手堅く売り上げと利益を稼ぐ部門で、本業であるファッション事業の事業継続の資金のために事業売却の対象となることが多く、他社がその権利を持っているというケースはたくさんあるようです。

アルノー氏は1989年に高齢のラカミエ氏に引導を渡し、自らがLVMHのトッ

プになります。

　この時点で、世界最大の贅沢品を扱うブランドコングロマリット、LVMHは当時のパリ証券取引所最大の資本金を有する企業となったそうです。続いて、1991年にはクリスチャン・ディオールも上場させます。

　アルノー氏はその後、現在まで同社のトップに君臨しているわけですが、LVMHのビジネスやアプローチの特徴は、同氏の出自にあることは間違いないようです。

≫ タクシー運転手の一言でブランド価値に目覚める

　ベルナール・アルノー氏は1949年にフランスで建設業を営む裕福な家庭に生まれ、エリートたちが通う理工系の高等教育機関を卒業後、1971年に家業に参画。20代で社長になります。当初はファッションビジネスとは無縁でした。当時のフランス政府の社会主義への傾斜に嫌気が差し、1982年から3年間渡米し、富裕層向け不動産ビジネスに携わります。

　アメリカ滞在中、たまたま乗ったタクシーの運転手との問答の中で、アルノー氏の「フランスについて知っていることはあるか？」の問いに対して、運転手が「大統領の名前は知らないが、クリスチャン・ディオールは知っている」と発した一言に刺激を受け、フランスに帰ったらファッションブランドを買収することを考えます。

　帰国後の1984年に、クリスチャン・ディオールや高級百貨店ボン・マルシェを傘下に持つ繊維会社、ブサック・サンフレールを買収。ファッション業界、小売業界に参入します。

　不動産ビジネスには投資利回りという発想があります。投資した不動産資金が年率どれくらいの利益を上げ、リターンがあるかを考えるものです。

　1984年にクリスチャン・ディオールを持つブサック・サンフレールを買収し、LVMHの大株主になったアルノー氏は、1989年にLVMHのトップの座についてからも、そのブランドに価値はあるか、投資すれば価値を高められるかをブランドビジネスの尺度とし、価値のあるものを磨いてさらに高付加価値をつける、投資対リターンを得る視点で買収を続けていきます。

　「流行に左右されないデラックス分野への投資は有効であり、市場成長性も高い」とは1990年代、買収を繰り返していた時のアルノー氏のコメントです。

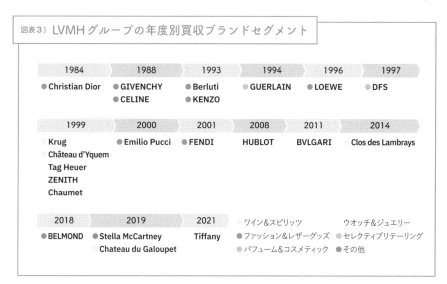

図表3）LVMHグループの年度別買収ブランドセグメント

1984	1988	1993	1994	1996	1997
● Christian Dior	● GIVENCHY ● CELINE	● Berluti ● KENZO	● GUERLAIN	● LOEWE	● DFS

1999	2000	2001	2008	2011	2014
Krug Château d'Yquem Tag Heuer ZENITH Chaumet	● Emilio Pucci	● FENDI	HUBLOT	BVLGARI	Clos des Lambrays

2018	2019	2021		
● BELMOND	● Stella McCartney Chateau du Galoupet	Tiffany	■ ワイン&スピリッツ ■ ファッション&レザーグッズ ● パフューム&コスメティック	ウオッチ&ジュエリー セレクティブリテーリング ● その他

M&Aで企業価値を高める

　LVMHのブランド買収の基準は、そのブランドが「タイムレス（時代を超えた知名度）」と「モダン（時代にあわせたデザイン）」の両方を持ちあわせていることです。知名度は高いものの、転換期にあるブランドに目をつけて買収し、実力のある著名デザイナーを起用して話題を呼び、マスメディア、大量パブリシティによ

る広告宣伝費をかけてブランドイメージを再構築する。プロ経営者が関わり事業を軌道に乗せることで、資産価値を高める。これが勝ちパターンです。デザインと経営の両方を1人ではできない、能力のあるデザイナーにはデザインに集中してもらい、経営はプロに任せることが、アルノー氏がブランドビジネスに携わって間もなく痛感した教訓だったようです。

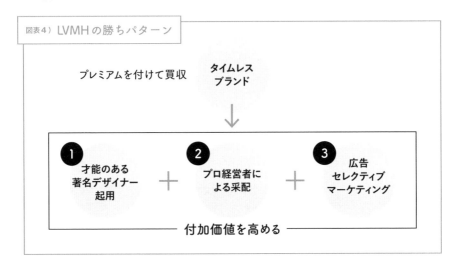

図表4）LVMH の勝ちパターン

プレミアムを付けて買収　タイムレスブランド

① 才能のある著名デザイナー起用　＋　② プロ経営者による采配　＋　③ 広告セレクティブマーケティング

── 付加価値を高める ──

　また、**バリューチェーン**は他社に任せず、自前で構築することが基本です。同社はライセンスを他社に切り売りすることもせず、製品の製造、販路管理、徹底した経営マネジメントでブランドの価値・イメージを自社でコントロールし、利益を高めることを得意とします。

　ラグジュアリーに特化し、それを求めるすべての顧客に、競合しないブランドを傘下に揃える。そしてグループのメリットとして集まったプロ人材を活用して、ブランドを越えてマネジメント手法の供与、流通の合理化、有利な広告運用、採用の効率化、グループ内キーパーソンの他ブランドへの起用も敢行します。
　これらの手法で数多くのブランドを買収し、さらなる事業拡大へと導いているのです。

LVMHのセグメント（グループの中での事業別役割）

同社には

- **Wines & Spirits**（ワイン＆スピリッツ）
- **Fashion & Leather Goods**（ファッション＆レザーグッズ）
- **Perfumes & Cosmetics**（パフューム＆コスメティック）
- **Watches & Jewelry**（ウオッチ＆ジュエリー）
- **Selective Retailing**（セレクティブリテーリング）
- **Other**（その他）

の6つのセグメントがあります。

　セグメントごとの損益や販売効率が開示されているので、主要5セグメント
について、LVMHにおけるそれぞれの特徴と役割を見てみましょう。

　まず、売上構成比と営業利益率です。

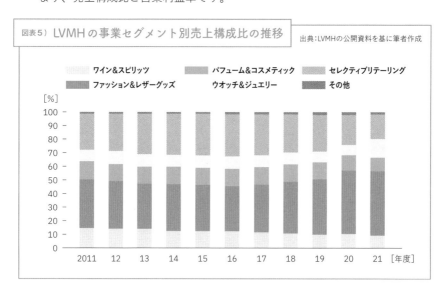

図表5）LVMHの事業セグメント別売上構成比の推移　　出典：LVMHの公開資料を基に筆者作成

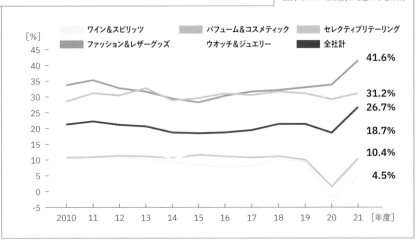

　最も売上構成比が高く、営業利益率も高い稼ぎ頭がファッション＆レザーグッズセグメントです。

　ルイ・ヴィトン、クリスチャン・ディオール、フェンディ、ロエベなどが主力ブランドです。2021年度は売上構成比48.1％で、営業利益率は41.6％とセグメントの中で最も高い利益率です。ここ10年間の年平均成長率は13.5％とグループ全体を牽引しています。

　続いて売上構成比が高いのが、セレクティブリテーリング（小売事業部）です。化粧品チェーンのセフォラ、免税店のデューティフリーショッパーズ（DFS）、フランスの百貨店、ボン・マルシェなどが含まれます。

　小売事業は、売り上げの3割を占めていた時期もありましたが、コロナ禍で化粧品需要が激減したことや、観光旅行客が回復途上にある影響もあり、現在では20％を切っています。営業利益率は4.5％と1桁台で、最も低利益率のセグメントです。

　3番目は2021年のティファニーの買収で売上構成比が8％前後から14.0％

に上昇したウオッチ＆ジュエリーセグメントです。ブルガリやティファニーが主力ブランドです。ティファニーを傘下に収め、2021年度の営業利益率は18.7％に倍増しました。

4番目はゲランやパルファンクリスチャン・ディオールが主力のパフューム＆コスメティックです。売上構成比は10.3％、営業利益率は10.4％です。5番目はヘネシー、シャンドンなどワイン＆スピリッツセグメントで、売上構成比は9.3％、営業利益率は31.2％でした。

セグメント別ポートフォリオ

同社はラグジュアリーであること、タイムレス＆モダンで、知名度があることを基準にブランドを集め、それらを5つの主要セグメントに分けているわけですが、これら5つのセグメントの売上規模、営業利益率、商品回転率をグラフ化したのが図表7です。

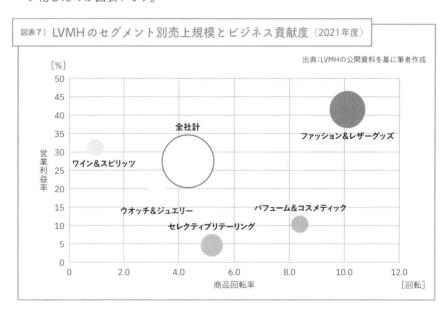

図表7）LVMH のセグメント別売上規模とビジネス貢献度（2021年度）

出典：LVMHの公開資料を基に筆者作成

セグメントごとの貢献度やポジションを可視化するためにバブルチャートで表しています。縦軸が営業利益率で、横軸は商品回転率（売上高÷平均在庫原価）です。通常は、在庫回転率（売上原価÷平均在庫原価）を見るところですが、セグメント別の売上原価が開示されていないので、在庫原価が売上高に変わるスピードを表す、売上高ベースの商品回転率で見ています。つまり、縦軸は利益率の高さ、横軸は在庫がキャッシュに換わる資金効率のスピードです。そして、バブルの大きさが売上規模です。

まず縦軸から見てみると、会社全体は約26％の営業利益率ですが、利益率が高い順に言うと、ファッション＆レザーグッズは41.6％。続いてワイン＆スピリッツが31.2％、ウオッチ＆ジュエリーが18.7％、パフューム＆コスメティックが10.4％、セレクティブリテーリングが4.5％です。

横軸の商品回転率について、グループ全体では年間4.3回転していますが、最も回転しているのは、ファッション＆レザーグッズの10.0回転です。2番目はパフューム＆コスメティックの8.4回転、セレクティブリテーリングは5.2回転、ウオッチ＆ジュエリーは3.2回転と続きます。ワイン＆スピリッツは先述の通り、原料、仕掛品を持ち、製品後もビンテージのために在庫を寝かしているものも少なくないので、在庫が売り上げに換わるのに2年近くかかっていることがわかります。

≫ セグメントごとに異なる役割を担う

セグメント別に整理すると、ファッション＆レザーグッズは稼ぎ頭で、売上額が大きく、利益率も高く、商品回転率も高く、グループ全体の大黒柱です。このセグメントの構成比が年々高まっているのが、同社の成長と利益体質を支えています。

一方、ワイン＆スピリッツは、商品回転率は悪いですが、利益率の高いセグ

メントです。繰り返しになりますが、これは原料であるブドウを育て、収穫し、その後ワイン＆スピリッツ製品をつくったとしても、寝かせてビンテージにしてから販売する商品も多いためで、販売した時には高い利益率が得られますが、換金までに時間がかかるビジネスだからです。

ウオッチ＆ジュエリーは、1品単価が高額なため飛ぶように売れることはなく、商品の動きは鈍いですが、売れた時に粗利額が稼げるセグメントです。

パフューム＆コスメティックは、利益率は低めですが、単価が安い分、数量が売れて商品回転率が高いので、利益率が低くてもキャッシュが稼げるビジネスです。

そして、セレクティブリテーリング事業は、利益率は低いですが、毎日売り上げが立つ日銭を稼いでくれるビジネスです。ちなみに、その他のセグメントは主にサービス中心で、富裕層向け旅行会社などが属しています。

このように、セグメントによって売上額を稼ぐもの、利益額を稼ぐもの、商品回転率が高くキャッシュを稼ぐものなど、ファッション＆レザーグッズを核に、グループ全体の中でそれぞれの役割を果たしていることがわかります。

顧客を富裕層に絞り込み、彼ら、彼女らにラグジュアリーを提供するにあたり、どんなバランスでビジネスを整え相乗効果を発揮するか、つまりセグメント別ポートフォリオが持続可能な経営の重要な要素であることは間違いありません。

もう1つのポートフォリオ経営　地域別売上高

同社ではセグメント別以外に、地域別の販売データも開示しています。

地域はフランス、ヨーロッパ（フランスを除く）、アメリカ、日本、アジア（日本を除く）、その他の地域の6つに分けられます。

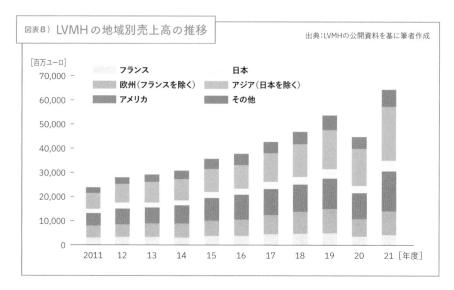

図表8）LVMHの地域別売上高の推移

出典：LVMHの公開資料を基に筆者作成

[百万ユーロ]

凡例：
- フランス
- 欧州（フランスを除く）
- アメリカ
- 日本
- アジア（日本を除く）
- その他

ブランドをM&Aで増やし続けることで、すべての地域で売り上げが伸びていることがわかりますが、ここ10年間で特に伸びが大きいのはアメリカとアジアです。その結果、アジアとアメリカの構成比も高くなっていることがわかります。

ラグジュアリー帝国の未来

LVMHは今後も年率10％成長、営業利益率20％超を稼ぎ続けるにあたって、中長期的に、その時にどの事業を伸ばすか、どの地域に力を入れるかのバランスを取りながら、セグメント別×地域別のポートフォリオ経営を続けていくことでしょう。

そんな世界最大のラグジュアリーブランドのコングロマリットに、今後どんな有力ブランドが加わっていくのか。ここまで帝国を築き上げ、世界一、二を争う資産家に上り詰めたアルノー氏の采配、そして70歳を過ぎて、今後の後継者問題はどうなるのか。世界が注目しています。

Chapter 06 まとめ

SUMMARY

ゲームチェンジャーはブランドを買収して資産化し、
リブランディングと広告宣伝にお金をかけることで、
ブランドという無形固定資産から
破格の付加価値、利回りを生む。

　ブランドは時間をかけて自ら育て、知名度向上とライフサイクルにあわせて売却したり、ライセンスビジネスで拡販したりして儲ける企業が多いもの。LVMHはタイムレスとモダンを切り口に、著名ブランドの歴史をプレミアムをつけて買収し、資産計上する。そしてリブランディングやプロデュースで話題を呼び、多額の広告宣伝費をかけてブランド価値を高め、常識を超える付加価値（粗利）をつけ、高利回りを稼ぐ。

ゲームチェンジャーからの学び ‥‥‥‥‥‥‥‥‥‥‥‥‥‥‥‥‥‥‥‥‥

- 知名度の高いブランドを買収し、無形固定資産（商標・のれん）に計上して利回りを稼ぐことを考える。
- タイムレスブランドを斬新なプロデュースと広告宣伝でモダンにし、高付加価値（高粗利）を稼ぐ。
- ラグジュアリーを切り口に、セグメントごとに異なる売上規模、利益率、在庫回転率のミックスで財務バランスを取る。

小売業の品揃えのポイント
粗利率ミックスと在庫回転率ミックス

　小売業が品揃えをする上で、最も大事な要素の1つに「購買頻度」があります。

　顧客が1年間に何回くらい購入してくれるのかが購買頻度です。頻繁に購入してくれるものは在庫がよく回転しますが、年に数回あるいは数年に1回しか購入してくれないものは、必然的に在庫回転は低くなり、小売業のキャッシュを圧迫するものです。そのため、品目の顧客購買頻度と在庫回転率はかなり近い数値になること実感します。

■在庫回転率＝売上原価÷平均在庫原価（通常、年間ベースに換算して比較）

　在庫回転がよい商品は薄利多売でも資金が回りますが、一方、在庫回転が低い商品は単価を高くするか、粗利率を高くして、粗利額を稼がないとビジネスが成り立ちません。

■粗利率＝粗利高÷売上高

　アパレル業界においても、アウターやトップスは高回転しますが、購買頻度が低いボトムスや靴はサイズが多いこともあり比較的、低回転になるため、それぞれの特性をうまく組み合わせて品揃え計画を立てるのが小売ビジネスの定石です。

　無印良品を展開する良品計画は、高額ながら購買頻度の低い家具から、購買頻度が高く粗利がとれるレディースアパレルやヘルス＆ビューティー、単価と粗利率は低いが購買頻度が高い食品までをミックスさせながら商売をしています。

　購入頻度の低い家具からビジネスをスタートしたホームファッション業界のニトリもこの「購買頻度」の高い商品と低い商品を巧みに組み合わせて、業界トップになりました（p33参照）。

　LVMHも複数の性格の違う事業を展開する企業で、粗利率ミックスと商品回転率ミックスのポートフォリオマネジメントを行っています。

　ところでこの粗利率と回転率を掛け合わせて商品の販売効率を総合評価する、「交差比率」という指標があります。

■交差比率＝粗利率×在庫回転率

　粗利率が良くても回転率が悪いもの、またその逆もあるため、1つの指標だけではなく、2つを掛け合わせることによって、バランスを評価する時に活用します。

　バランスだけではなく、粗利率は低くても回転率が高く、客数とキャッシュで貢献するもの、回転率は低くても利益額で貢献するもの、それぞれに役割があります。

　仕事柄、いろいろなお店を視察しますが、お店全体を高効率の商品ばかりで揃えるよりも、高効率、低効率、さまざまな効率の商品をうまくミックスしている店ほど、魅力的で買い物をしていてワクワクすると感じています。そう、小売業は効率だけでなく、感情に訴えるビジネスでもあるのです。

丸井グループ

百貨店の
トランスフォーメーション

#百貨店のトランスフォーメーション

#流通総額　#手数料収入　#不動産収入

#リカーリングレベニュー　#フィンテック

#クレジットカード　#LTV（ライフタイムバリュー）

#売上債権　#共創投資

07

GAME CHANGER 丸井グループ

THEME 百貨店の
トランスフォーメーション

これまでの常識

ブランドと品揃えの構成で売り上げ・利益を稼ぐ。
看板立地、ブランド、品揃えによる集客が
ビジネスのカギ

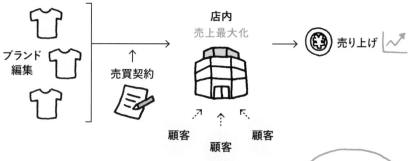

ブランド編集 → 売買契約 → 店内 売上最大化 → 売り上げ

顧客 顧客 顧客

業界の競合と売上規模を競う

- ✔ ブランド・品揃えの同質化
- ✔ 店内売上の限界
- ✔ 読みづらい将来の収益

チェンジ

本章の概要

百貨店業の常識を変え、仕入れ販売による売上規模拡大より、店内外の流通総額の創出・拡大関与に力を入れ、手数料収入を効率よく稼ぐ。

ゲームチェンジャーの新常識

**売場賃貸収入を得る商業施設へ転換。
クレジットカードの発行機会を増やし
店外の多くの流通の決済に関与**

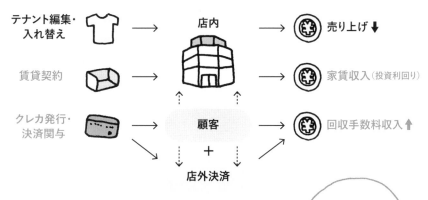

- ✔ 購買行動の変化に合わせてテナント入れ替え
- ✔ 物販（モノ）→飲食・アミューズメント（コト）
- ✔ 読みづらい売り上げから中長期で読める家賃収入へ
- ✔ クレジットカード発行を増やし店外決済に大きく関与

ザ・ゲーム CHANGE THE GAME

これまでの常識

- 百貨店は商品を仕入れ、店内で販売して売り上げを増やし利益を稼ぐ。
- どんなブランドで、どんな品揃えにするかが他社との差別化ポイント。
- 立地、ブランド、品揃えによる集客がビジネスのカギ。

パラダイムシフト

- オンラインで情報を取り、店舗で体験し、オンラインに戻って購入する購買行動の変化に伴い、仕入れて売るだけの小売業は淘汰され、商業施設の出店ブランドが同質化する時代。
- 店舗におけるブランドの売り上げ減に伴い得られる利益も減少する。
- キャッシュレス決済、後払い決済の拡大。

ゲームチェンジャーの新常識

- 商品を仕入れて販売する百貨店から、立地を活かして、売場賃貸収入を得る商業施設へ転換。
- テナント小売業の新陳代謝を促進し、利用頻度の高い飲食・エンターテインメント比率を高め、集客拡大。
- クレジットカードを切り口に、店内だけでなく、店外の多くの流通の決済に関与し、回収手数料収入を得る。
- 店内商売の範囲だけでなく、消費者の多くの生活場面の決済に関与し、手数料収入を稼ぐ。
  稼いだ資金は次世代型の小売企業に投資する。

> **急成長・高利益率の理由**
>
> **売上高にこだわらず店内外の流通総額に関与して手数料収入を得る**
>
> 商品を売買する店内小売売上高で競うのをやめ、テナント賃料収入とクレジットカード利用手数料の拡大にシフト。カードホルダーの生活の多くの決済場面に関わることで関与流通総額を増やし手数料収入拡大を目指す。

百貨店の
トランスフォーメーション。
小売業の姿をした金融企業
丸井グループの
ビジョン経営

　チャプター7では、百貨店のトランスフォーメーションの命題の下、事業の主軸を百貨店経営からショッピングセンター運営へ、さらに店外でも使われるクレジットカード決済に関わる事業に事業領域を広げ、流通業としての稼ぎ方を変革し続ける丸井グループのビジネスモデルをご紹介します。

　もともと丸井は月賦販売を提供する百貨店で、同社の「赤いカード」を持ってファッションを買った思い出をお持ちの方も少なくないと思います。
　同社は2015年以降、それまでの百貨店運営のビジネスモデルからショッピングセンター化することを宣言し、自社開発商品の販売とメーカーからの消化

仕入れ販売（注）を同時に行う百貨店から、テナント誘致売場賃貸型の不動産業にシフトしてきました。並行して、クレジットカード決済などの手数料収入を核にしたフィンテック（金融）企業として業容拡大、近年は両事業で稼いだ資金を次世代型の小売企業に投資する投資会社としても活動し始めています。

（注）店頭にある仕入れ先名義の在庫を販売し、売れたものだけを仕入れ計上する販売方法

従来の百貨店ビジネスとの違い

百貨店だった丸井がどのように「百貨店のトランスフォーメーション」を果たしたのか、まずは、百貨店最大手の三越伊勢丹ホールディングス（HD）と比べることでビジネスモデルの違いを明らかにしてみましょう。

下の図は両社の損益計算書（PL）の比較です。

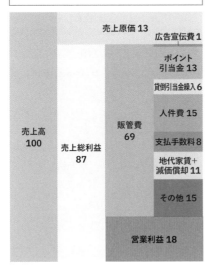

丸井グループ（2022年3月期）〔PL〕

- 売上高 100
- 売上総利益 87
- 売上原価 13
- 広告宣伝費 1
- ポイント引当金 13
- 貸倒引当金繰入 6
- 人件費 15
- 支払手数料 8
- 地代家賃＋減価償却 11
- その他 15
- 販管費 69
- 営業利益 18

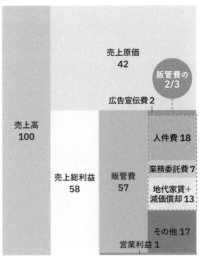

三越伊勢丹HD（2022年3月期）〔PL〕

- 売上高 100
- 売上総利益 58
- 売上原価 42
- 販管費の2/3
- 広告宣伝費 2
- 人件費 18
- 業務委託費 7
- 地代家賃＋減価償却 13
- その他 17
- 販管費 57
- 営業利益 1

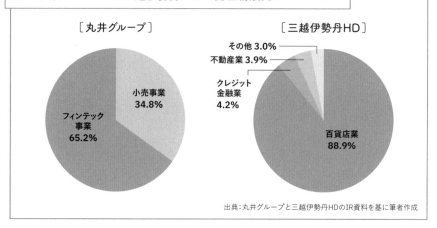

図表1) 丸井グループと三越伊勢丹HDの売上構成比（2022年3月期）

［丸井グループ］

小売事業
34.8%

フィンテック
事業
65.2%

［三越伊勢丹HD］

その他 3.0%
不動産業 3.9%
クレジット
金融業
4.2%

百貨店業
88.9%

出典：丸井グループと三越伊勢丹HDのIR資料を基に筆者作成

　図表1の三越伊勢丹HDの売上高の88.9％は百貨店業によって占められており、商品を販売して、売上総利益（粗利）を稼ぐ典型的な小売業のビジネスモデルです。そして、これまで本書で紹介してきた多くの小売業のビジネスモデルと同様、人件費と業務委託書、地代家賃が販売管理費の約3分の2を占めるオペレーションをしています。

　これに対して丸井の売上高は、フィンテックと呼ぶ主にクレジットカード決済やキャッシング金利などの手数料収入が65.2％、丸井が運営する商業施設でテナントから得る家賃収入を中心に、自社商品の販売や受託販売なども含む小売事業による売上高が34.8％を占める構造です。

　丸井のPLは、フィンテックの手数料収入とテナントからの家賃収入を合わせ、売上高の8割以上が商品売買に伴う売上原価がかからない収益のため、売上総利益が大きいことが特徴です。一方、販売管理費を見ると、人件費や地代家賃の他に、従来の小売業ではそこまでかからない、クレジットカード事業に関連したポイント引当金や貸倒引当金などの経費が大きくかかっていますが、営業利益は売上対比17.6％も稼ぐ高収益企業です。

　消費者から見ると、三越伊勢丹も丸井もかつては百貨店として分類され、一

見似たように見える商業施設ですが、商品の売買で稼ぐ典型的な小売業である百貨店と、フィンテックを核にトランスフォーメーションを果たした小売業、丸井のビジネスモデルの違いがわかっていただけたかと思います。

丸井はこの10年でビジネスモデルをどう変革したか

　丸井は2016年3月期よりこれからお伝えする「百貨店のトランスフォーメーション」に舵を切りますが、それ以前と現在でビジネス構造がどう変わったかを知るために、宣言前の2015年3月期と2022年3月期のPLを比較してみましょう。

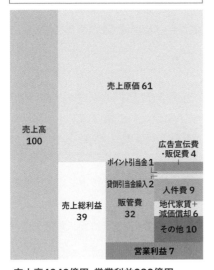

売上高4049億円、営業利益280億円

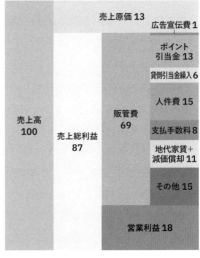

売上高2093億円、営業利益367億円

　PLを見る限り、7年前までは百貨店の三越伊勢丹に近い、商品を販売して売上総利益を稼ぐ小売事業を中心とする百貨店型のビジネスだったことがわかり

ます。

　2016年3月期からは、会計基準を総額表示から純額表示に変更したことと、意図的に商品の売買への関与を減らし、テナントからの賃料収入に切り替えたことで、売上高総額は半減しましたが、収益性の高いフィンテック（クレジットカード）事業から得る手数料収入が大勢を占めるビジネスモデルに変化して、営業利益が1.3倍になりました。

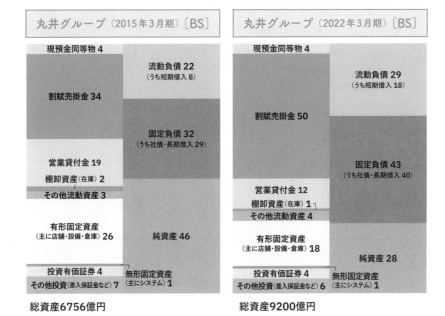

　次に貸借対照表（BS）については、クレジットカード関連の取引額が増えることで、返済期限が来たら現預金にかわる割賦（ローン）売掛金が増え、一方、それを賄うための借入が増えています。

　また、後述する通り、次世代型の小売企業への投資を行っているため、投資有価証券の金額が増えていることがわかります（資産構成比は変わらず）。

　資産の中の有形固定資産の構成比は下がりますが、クレジットカード利用の割賦売掛金が倍増して資産額全体が大きくなっているためにそう見えるだけ

で、有形固定資産の金額そのものはそれほど変わっていません。フィンテック事業に大きく舵を切ったからといって、商業施設を減らしているわけではなさそうです。

フィンテックを中心に総取扱高を拡大

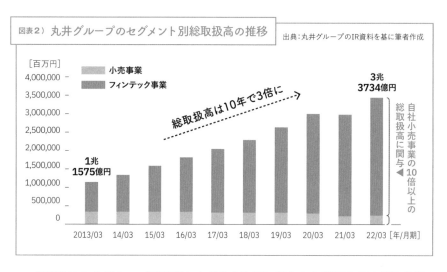

図表2）丸井グループのセグメント別総取扱高の推移　出典:丸井グループのIR資料を基に筆者作成

図表2は丸井グループが売買および代金決済に関与した総額を表す総取扱高の推移です。

2022年3月期には、丸井グループが関与する総取扱高がついに3兆円を超え、3兆3734億円に達しました。過去10年で同社が売買および決済へ関与する総額が3倍規模になったことがわかります。

これだけ多くの流通に関与できているのは、同社が発行するクレジットカードであるエポスカードの年間利用金額が約3兆円あるためです。次に丸井が運営する商業施設で入居店舗が売り上げた金額および丸井が提供するサービス売

上などが2452億円あります。

　商業施設やEコマース（EC）の入居テナントの売り上げや自社販売を表す小
売事業の取扱高は、コロナ禍の影響もあり、2022年3月期は10年前比3割減
となっていますが、フィンテック事業、つまりクレジットカード保有者による
決済が10年で4倍になったことが総取扱高の伸びを牽引しています。

　カードホルダーは丸井関連の商業施設内の決済だけにとどまらず、外部での
決済に商業施設内の10倍以上のカード利用をしているわけです。

　これは、自社の商業施設では売買が年々4％程度減っているのに対し、後述
するさまざまな施策により、丸井グループの店舗外でもカード会員数を増や
し、かつ商業施設以外でも一般のクレジットカード同様にカード決済額を増や
すことを推進しているからです。

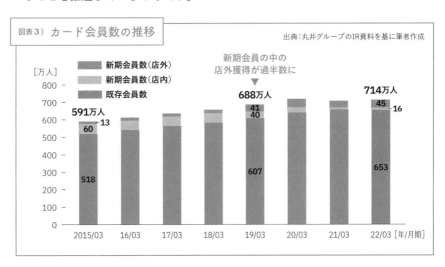

図表3）カード会員数の推移

出典：丸井グループのIR資料を基に筆者作成

　新規会員の丸井グループ店舗外入会比率は、2015年3月期の17.8％から
2019年3月期に50％を超え、2022年3月期は73.8％におよびます。

　総取扱高を増やした結果、同社の営業利益は10年間で約1.5倍、トランス
フォーメーションを開始した2016年3月期の期首と比べると約1.24倍になり
ました。

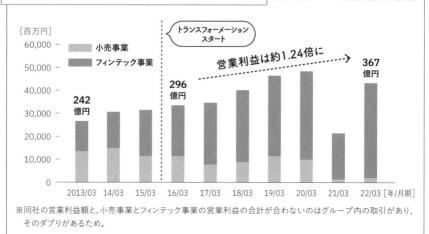

図表4）丸井グループのセグメント別営業利益の推移　出典：丸井グループのIR資料を基に筆者作成

※同社の営業利益額と、小売事業とフィンテック事業の営業利益の合計が合わないのはグループ内の取引があり、そのダブりがあるため。

トランスフォーメーション宣言

　それでは、丸井グループがどのように利益体質にトランスフォーメーションしたのか、これまでの経緯をもう少し詳しく見てみましょう。

　まず、2015年3月期決算発表の際、同社の青井浩社長が「百貨店のトランスフォーメーション」を掲げ、ショッピングセンター化宣言をします。これが意味するところは、これまでの丸井が仕入れ先から商品を仕入れ、販売する従来の百貨店スタイルのビジネスから、仕入れ先と定期借家契約を結び家賃を徴収する、つまり売り場の貸主（大家）と借主（テナント）という関係、不動産収入を得るスタイルへの変革です。すでに多くの売り場が仕入れ先ブランド単位のコーナーになっていたので、消費者から見て表面上は大きな変化を感じられなかったかもしれません（テナントと売買から売場賃貸への取引条件の変更は2019年3月期に完了）。

　同時に会計基準を見直し、小売事業の売り上げをこれまでの総額表示から純額表示へ変更します。これは、関与した売上総額を売上高として計上するのではなく、丸井側が仕入れ先に支払う商品代金を差し引いた、売上総利益（粗利）分、つまり実質収入を売上収益として計上する会計方式への変更です。

　以前のように、同業百貨店と売上高の大きさを競うのではなく、利益を増やすことにフォーカスする経営への転換と言ってもよいでしょう。

　この転換によって、売上高を追わず、テナントからは定期借家契約で家賃収入を受け取り、契約期間が終了したら時流にあったテナントに入れ替えやすくなりました。この間、丸井はアパレル構成比を下げ、館内消費を高めるための飲食やエンターテインメントの構成比を高めました。

　また、在庫を抱えて自社商品を販売する採算が低い売買を縮小することで、身軽になることにも取り組みます。つまり、時流にあわせた、柔軟で身軽な小売事業への事業変革です。

　そして、営業利益率が一桁台と収益性の低い小売事業に対して、30％近い営業利益率を稼ぐフィンテック事業の取引総額を増やすことに力を入れていきます。

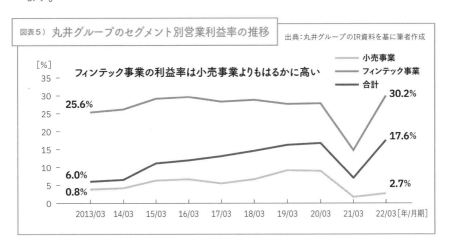

図表5）丸井グループのセグメント別営業利益率の推移　　出典：丸井グループのIR資料を基に筆者作成

小売事業とフィンテック事業の売上収益の逆転

　総取扱高から丸井が実際に得る売上収益の推移を表したのが、図表6です。2015年3月期は、小売事業7割に対してフィンテック事業3割だった売上収益構成比が、2019年3月期についにフィンテック事業の売上収益が小売事業のそれを上回り、営業利益率は15％を超えます。そしてその構成比は、2022年3月期に35対65と逆転しています。

　1つの通過点ではありますが、トランスフォーメーションが順調に進んでいることがわかります。

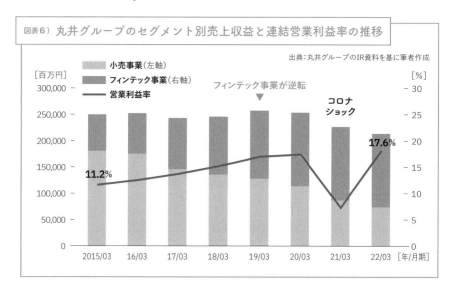

図表6）丸井グループのセグメント別売上収益と連結営業利益率の推移

　ここまで見てきたように、フィンテック事業、つまりクレジットカードの総取扱高を増やすことが、同社の収益性の向上に直結することがわかりました。

　しかし、単なるクレジットカード会社や金融業ではない、これまで生活者のライフスタイルを提案してきた百貨店、商業施設だからこそできる、同社らしさが見られます。

まず、同社のフィンテック事業の方針の中で興味深いのは、クレジットカード利用の家計シェア最大化という考え方です。チャプター5でも話題にしてきた、ライフタイムバリュー（LTV、顧客生涯価値）にも通ずる話です。カード保有者のクレジットカード取扱高を大きくするために、買い物だけでなく、家賃や電気代などの定期払い系のもの、トラベル、エンタメなどの娯楽も含め、1人ひとりの家計の中の比較的大きく、なおかつ継続性のある決済に関与しようとしています。

図表7）カードのクレジット取扱高内訳（参考）

出典：丸井グループ「FACT BOOK 2022年3月期」を基に筆者作成

カード利用目的	2021年3月31日		2022年3月31日	
	12カ月	前年比	12カ月	前年比
家賃払い	4626億円	132%	5732億円	124%
EC決済	4726億円	133%	5219億円	110%
定期払い（通信費・公共料金等）	2869億円	107%	3093億円	108%
トラベル＆エンターテインメント利用	1885億円	55%	2713億円	144%
商業施設（百貨店・SC等）利用	2292億円	86%	2554億円	111%
飲食利用	867億円	80%	1043億円	120%
サービス（家賃払い除く）決済	197億円	93%	221億円	112%
その他	9007億円	111%	1兆185億円	113%
合計	2兆6469億円	105%	3兆760億円	116%

※家計の中の大きなウエイトを占める家賃払いの伸びが大きい。

≫ リカーリングレベニューが売上全体の3分の2

次に同社では、リカーリングレベニュー（継続的収入）というキーワードを挙げ、重視しています。これは今期の売り上げだけでなく、来期以降も継続的に収入が見込める売り上げのことです。

例えば、小売事業のテナントとの定借契約であれば、3～5年間の契約をし

ていた場合、決算時にPLに出てくる収益は当年1年分だけなのですが、契約が残っている限りは翌年、翌々年以降も収入が見込めるというわけです。同じようにフィンテック事業でも、月賦で買っている人たちの支払残高、クレジットカードの有効期限範囲など、将来的に継続性の見込める売上高を総称して指しています。

　同社の決算資料によれば、リカーリングレベニューの範囲は、

①**契約残年数が残っている不動産賃貸収入**（企業向け）
②**カード有効期間のクレジットカード決済から得られる加盟店手数料**（企業向け）
③**分割・リボ手数料やキャッシング手数料**（一般顧客向け）
④**保証期間内の家賃保証額**（一般顧客向け）

の4つで構成されています。

　単年度の全売上収益に対して、来期以降もつながり（契約）が残っている取引形態からの収入を「リカーリングレベニュー」とし、当期の売上収益の中に含まれるその比率、つまり**リカーリングレベニュー比率**が売り上げ全体の3分の2以上あることを示し、同社の収入の安定性を表しています。

　チャプター5でコストコが年会費の更新率を、顧客と未来にわたってつながり続ける重要指標の1つとして開示していることをお伝えしましたが、丸井グループにとっては、顧客とのつながり（エンゲージメント）を表す指標が「リカーリングレベニュー」およびその比率にあたります。

　数値化できる会員更新率、リカーリングレベニュー比率などの尺度は、今後、小売業にとって、持続可能性を表す新しい経営指標として注目されることでしょう。

オンラインとオフラインを融合するプラットフォーマー

　丸井は「百貨店のトランスフォーメーション」の一環で、賃貸するテナント店舗については「オンラインとオフラインを融合するプラットフォーマー」というビジョンの下、オンラインのブランドやこれまで店舗を持たず顧客とつながりを持ちたいと考えるメーカーのショールーム店舗を積極的に誘致し、新しい顧客層の来店を促進しています。売らない店舗と呼ばれるメルカリステーション、SHIBUYA BASE、ファブリックトウキョウなどがこれにあたります。

　また、クレジットカードのエポスカードもいろいろな人気キャラクターとのコラボものに取り組み、カードそのものを所有したいカード保有者を増やしています。そして利用者には、いかにエポスカードを日頃の生活の中でも使ってもらうかを考えています。

　小売業としての「ウツワ」＝店舗を活性化して、テナントからの家賃収入を得て、そこにクレジットカードを介在させることによって、館の中でのクレジットカード手数料だけではなく、館外でのいろいろな決済にも使ってもらう。このような考え方の下、カード利用者数と総取引額のさらなる拡大を図っています。

共創投資は小売事業、フィンテック事業に続く3本目の柱

　小売事業においては、定借テナントからの家賃収入を増やし、カードの入会者を増やし、店内カード利用頻度を増やす。フィンテック事業では丸井商業施設外でのカード利用者を増やし、店外でも入会の機会を増やす。両者の相乗効果で総取扱高が増え、利益率が高まる丸井グループの勝ちパターンが見えてきました。

この収益パターンを時流にあわせて拡大するために、2019年から力を入れているのが未来投資の中の共創投資です。

図表8）今後のグループ事業の全体像　　　　出典：丸井グループのIR資料を基に筆者作成

未来投資　●────　共創投資＋新規事業投資

※未来投資は、
　スタートアップに投資する共創投資と、
　自社で始める新規事業投資の総称。

小売　フィンテック

小売事業の商業施設内のテナントは時代にあわせた入れ替え、つまり新陳代謝が必要なのは言うまでもありません。

そこで同社では、生産年齢（15〜64歳）の中でミレニアル世代とZ世代がそれ以外の世代の数を超えるときが数年以内に来ることを見越して、新しいデジタル系ビジネスやサステナビリティ、ウェルビーイングに投資しています。

投資先企業には、丸井商業施設内での出店機会を提供し、顧客が商品に触れる機会をつくります。また、資金を拠出するだけではなく、丸井側からその道の経験豊富な人的リソースを派遣することによってベンチャー企業の成長をサポートし、マネジメント面での脇固めを手助けするというものです。

この取り組みによって、丸井側から出向く社員にとっても若い起業家たちの視点が吸収でき、オープンイノベーションを期待しています。

オーダーメイドスーツのファブリックトウキョウ、コスメのバルクオム、手軽にECが始められるプラットフォームBASEなどに出資しています。

この共創投資は、資金を出してゆくゆくは出資先の利益から配当を得たり、

事業売却、IPOなどのイグジットが期待できたりしますが、同社は早期の配当は期待していないようです。それは、丸井ならではの収益モデルがあるからです。

　まずは、それらの企業がテナントとして丸井に出店すれば、小売事業の賃貸収入が得られます。また、出店して新しい顧客が商業施設にやって来れば、カード発行数が増え、店内でのカード利用のみならず、店外でのカード利用につながる、つまりフィンテック事業のカード利用手数料の収益増につながることが期待できます。

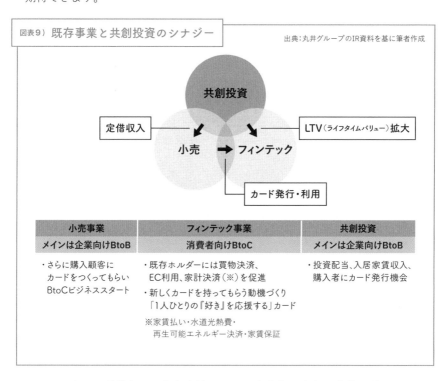

図表9）既存事業と共創投資のシナジー

出典：丸井グループのIR資料を基に筆者作成

小売事業	フィンテック事業	共創投資
メインは企業向けBtoB	消費者向けBtoC	メインは企業向けBtoB
・さらに購入顧客にカードをつくってもらいBtoCビジネススタート	・既存ホルダーには買物決済、EC利用、家計決済（※）を促進 ・新しくカードを持ってもらう動機づくり「1人ひとりの『好き』を応援する」カード ※家賃払い・水道光熱費・再生可能エネルギー決済・家賃保証	・投資配当、入居家賃収入、購入者にカード発行機会

　このように、賃貸収入と集客を核とする小売事業、店内、店外で利用されるカード利用手数料を核とするフィンテック事業の二本柱が確立し、これからはこの2つの事業で儲けた資金を次世代型の小売企業に出資し、時代にあった流通に関わろうとしているのです。

　同社には3つの柱が共存し、それぞれ相乗効果をもたらしながら成長していくことを目論んでいるわけですが、同社の2021年3月期の決算説明会資料に、それぞれの事業に対する資本の在り方が表されていたので、紹介しておきましょう。

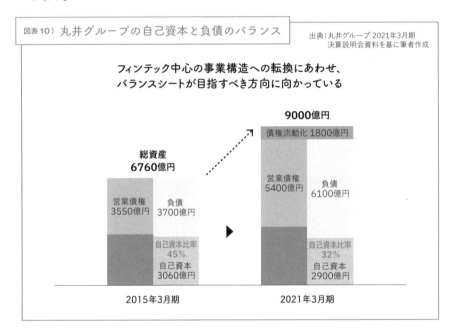

図表10）丸井グループの自己資本と負債のバランス

出典：丸井グループ 2021年3月期
決算説明会資料を基に筆者作成

フィンテック中心の事業構造への転換にあわせ、
バランスシートが目指すべき方向に向かっている

9000億円

総資産
6760億円

債権流動化 1800億円

営業債権
3550億円

負債
3700億円

営業債権
5400億円

負債
6100億円

自己資本比率
45%
自己資本
3060億円

自己資本比率
32%
自己資本
2900億円

2015年3月期　　　　　　　　　2021年3月期

　トランスフォーメーション前は自己資本比率45％と一般的な百貨店並みだったところ、定借の導入によって、2021年3月期には不動産業並みの30％台まで下がりました。

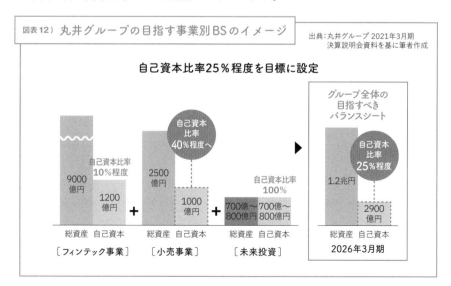

図表11）丸井グループの2021年3月事業別BSの状況

出典：丸井グループ2021年3月期
決算説明会資料を基に筆者作成

**小売事業は定借化に伴い安定するも、
業界平均に対して自己資本比率は依然として高い水準**

小売事業の余剰な自己資本の解消

[フィンテック事業]
6300億円　総資産
700億円　自己資本
業界平均 10%
自己資本比率 11%

[小売事業]
2600億円　総資産
1800億円　自己資本
自己資本比率 70%
業界平均
・百貨店40%
・不動産業30%

[未来投資]
400億円　総資産
400億円　自己資本
自己資本比率 100%

　フィンテック事業の比率が高まると、自己資本比率は金融業界の平均である10％に近づいていき、小売事業は業界並みの40％を目指し（2021年3月期は70％）、未来投資は100％自己資本から行うことで、結果、図表12のように5年後は自己資本比率25％を目指すとしています。

図表12）丸井グループの目指す事業別BSのイメージ

出典：丸井グループ2021年3月期
決算説明会資料を基に筆者作成

自己資本比率25％程度を目標に設定

[フィンテック事業]
9000億円　総資産
1200億円　自己資本
自己資本比率 10%程度

[小売事業]
2500億円　総資産
1000億円　自己資本
自己資本比率 40%程度へ

[未来投資]
700億〜800億円　総資産
700億〜800億円　自己資本
自己資本比率 100%

グループ全体の目指すべきバランスシート
1.2兆円　総資産
2900億円　自己資本
自己資本比率 25%程度
2026年3月期

フィンテック事業は安い金利で借り入れてユーザーに資金を貸しだす、金融企業並みの自己資本比率10％で運営。小売事業は借入を利用して不動産投資もしながら、小売業の平均的な自己資本比率40％で回す。未来投資は自己資本比率100％、つまり、先の2つの事業で得た利益の範囲で行うというものです。

　未来投資について、このあたりは同社の手堅さを感じますが、ゆくゆくこれが3つめの柱に育てば、将来的にはレバレッジド・バイアウトのような、事業を担保に借入をしてM&Aをするような投資のしかたも選択肢に出てくるのではないかと思われます。

　クレジットカードの収益性をバックグラウンドに小売りから商業施設に脱皮し、そしてフィンテック（決済）に大きく舵を切って、次は次世代型の小売企業へ投資をする投資会社に軸足を移そうとしている。

　丸井グループの決算書から読み取れるここ数年間の取り組みを通じて、既存の小売事業をトランスフォーメーションして、稼いだ利益を未来の投資のために使っていく、企業の在り方の1つを感じました。

　そんな同社の姿は、流通業界を見渡しても、進化の最先端を行っているように感じます。百貨店や商業施設がこれから生活者に何を提供していくか、どのように生活者のライフタイムバリューに関わりながら、企業として持続可能性を追求するのか？　時代の変化を見据えてビジョンを描き、そこへ向かって行く流通業の先行例の1つです。

ゲームチェンジャーは
売上規模より収益性に発想を転換する。
店内売上ではなく、クレジットカードを切り口に、
カードホルダーと利用機会を増やし、
より大きな店外流通総額に関わり、
手数料収入で稼ぐ。

業界競合他社と店内売上規模の大きさを競うのをやめ、保有する商業施設の賃貸による不動産収入や発行クレジットカードの普及に努め、店内外の流通総額やリカーリングレベニューをKPIとする。

カードホルダーを増やし、LTVを重視して顧客の支出に広く関与することで、手数料収入 (利益) が拡大する。

ゲームチェンジャーからの学び ....

- 店内売上高よりクレジットカードのイシュア (発行者) として、店外関与流通総額を増やし手数料を稼ぐ。

- 単年売上ではなくLTVやリカーリングレベニューを増やすという発想。つながる顧客は翌年以降も収益源。

- 小売業→不動産業→金融業へのトランスフォーメーションで収益力向上。稼いだ利益をDtoC型の次世代型の小売企業へ投資しながら、新たなテナント、新たなカードホルダーを創造する。

決算発表資料いろいろ

　決算発表資料には有価証券報告書、決算短信、決算説明会資料、データブック（企業によってファクトブック、決算概要など呼び名はさまざま）などがあります。

　決算書は上場企業約4000社の企業情報がタダで閲覧できる「情報の宝庫」だとおっしゃるのは『世界一楽しい決算書の読み方』の著者であり、公認会計士の「大手町のランダムウォーカー」さん。同氏は幅広い業界をカバーしているため、業界の特性を知るためには、まず業界最大手の決算書に注目するそうです。

　一方、業界特化型のコンサルタントをしている筆者の場合は、もちろん業界最大手は外せませんが、むしろクライアント企業が持っている課題を起点とし、それを上手に解決していそうな企業はどこかを探して、その対象企業の決算書に特定の数値を見にいくようにしています。

　長年、上場企業の決算書を見ていて、アパレル小売業にとってたくさんのヒントをくれるのはファッションセンターしまむらを展開するしまむらの決算書類です。同社のデータブックにあたる決算概要には、小売業が経営の最小単位として考える、面積あたり、従業員1人あたりの販売効率はもちろんのこと、客単価、一品単価、1人あたりの買い上げ点数についても実額で開示しています。

　さらに驚くのは、どのくらいの原価率で取引先から仕入れ、どれだけ値下げして売り切って、どれだけの粗利率に着地したかを表す数値までも開示していることです。それらを見ると、同社が業界屈指の値下げコントロール力を持っていることがわかります。同社がその数値を重要視していること、そしてその数値に自信があるからこそ開示できるのです。

　このように、知りたいことを具体的に絞り込むことがスピーディな発見につながります。正しく、決算書は課題解決の糸口を示唆してくれる情報の宝庫です。

APPAREL
GAMECHANGER

Chapter

08

メルカリ

リユースビジネスが生む
循環型金融経済圏

#リユースビジネス　#アプリ　#CtoC

#エコシステム　#流通総額（GMV）

#たんす在庫　#埋蔵金　#フィンテック　#預り金

#電子マネー　#クレジットカード　#循環型金融経済圏

08

GAME
CHANGER **メルカリ**

THEME **リュースビジネスが生む
循環型金融経済圏**

これまでの常識

**売り手対店舗、買い手対店舗という
１対１のクローズ環境**

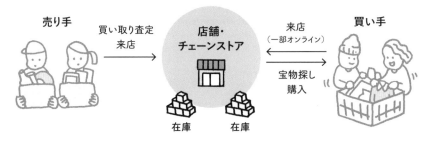

ローカル

売り手 　買い取り査定
来店 → 　店舗・
チェーンストア 　来店
（一部オンライン） 　買い手
宝物探し
購入

在庫　在庫

安く買い取り ▶ 手間をかけて ▶ 再販

✔ 査定に時間をかけ、買い取り品を在庫に
✔ 店は再販までに手間がかかり在庫回転に一苦労
✔ 売り手は価格に妥協し、買い手は探すのに時間がかかる

チェンジ

本章の概要 　リユースビジネスの常識を変え、売り手と買い手をオンラインでCtoCマッチングすることで、参加者たちがプラットホームの価値を高めていくエコシステムに育てる。売り手の売上金が新しい消費に回ることをフィンテックによって後押しする。

ゲームチェンジャーの新常識

:

多ユーザー対多ユーザーの
オープン環境

全国対象

売り手

フリマアプリ
クラウド

買い手

いつでもどこでも
自ら撮影して、
価格を決めて
一品から出品

無店舗／無在庫
エコシステム
誰もが安心して閲覧できる透明性
価格検索データベースにも

いつでもどこでも
巨大データベースから
商品検索・価格参照
欲しければ交渉可

- ✔ スマートフォン（スマホ）からSNS投稿並みの手軽さで出品
- ✔ 売り手が販売価格を決め、買い手は簡単に検索
- ✔ プラットフォーマーは在庫を抱えず、双方安心なマッチング

ザ・ゲーム　CHANGE THE GAME

これまでの常識

- 従来のCtoBtoC型の中古流通小売業は買い取り基準を明確にし、独自のデータベースにより目利きでなくても買い取りができるしくみでチェーンストア化。
- 不用品を安く買い取り、手間をかけて商品価値を蘇らせて次の所有者に再販する。
- 顧客は常に鮮度を求めるため、中古ビジネスは買い取り強化による鮮度維持がカギ。
- 資金繰りのために滞留在庫の値下げによる強制回転もかかせない。

パラダイムシフト

- 2008年から始まるファストファッションブームの功罪もあり、消費者は溢れ始めたクローゼットの着なくなった、使わなくなった持ち物の悩みが膨らむ。
- 2010年代にスマホとSNSが普及。SNS型で顧客を巻き込みながらビジネスを発展させることが成長のカギに。

ゲームチェンジャーの新常識

- オンラインで顧客参加型CtoCで不用品を仲介するマッチングプラットフォーマー。
- 店舗型小売業ではなく、オンライン上のテック企業。
- オンラインゆえ商圏はローカルにとどまらず全国へ拡大。
- スマホ経由SNS感覚で出品、売買できる手軽さ。
- 価格の透明性の実現（売る方はより高く売れ、買う方はより安く買える）。
- ユーザーレビューや評価で売り手、買い手を見極め安心購入。
- CtoCにすることでユーザーたちが情報とマーケットの価値を高めていくエコシステムへ進化。

> **急成長の理由** **オンライン、CtoC、SNSによって物理的な限界を突破**
> 大量消費時代の手放せない不用品に着目し、スマホとSNS型の手軽さでユーザーを拡大。不用品という埋蔵金がお金に換わる楽しみと、売上金が電子マネーとなり新しい消費に使える機会を創造。

不用品をCtoCの仲介で循環させ新たな金融経済圏を築くプラットフォーマーメルカリ

　製造小売業、ファストファッションなど、ファッション小売企業の流通革新によって多くの消費者が良質な商品、流行のデザインをこなれた価格で手に入れることができるようになりました。一方で、大量生産、大量消費が進み商品の陳腐化が加速し、消費者が使わなくなった不用品やその廃棄が社会問題になるようになりました。

　チャプター8では、そんな市場背景の中で普及する、誰でも簡単・手軽に不用品を売買できるユニークなユーザー体験を提供する、国内フリマアプリ最大手であり、海外でも拡大を続けるメルカリのビジネスモデルを取り上げます。

↻　リユースビジネスが生む循環型金融経済圏

「新たな価値を生みだす世界的なマーケットプレイスを創る」をミッション
に掲げ、「限りある資源を循環させ、より豊かな社会をつくりたい」と考える、
創業者である山田進太郎氏が世界一周の旅で抱いた問題意識によって、2013
年に誕生したのがフリマアプリ「メルカリ」です。

メルカリがサービスをスタートしたのは2013年7月（2014年6月期）。ユーザー
のお試しのハードルを下げるため、当初は販売手数料無料で普及に努め（その
間同社の売り上げはゼロ）、2014年10月から売買代金に対して10％の販売手数料
の徴収をスタートし、売上高が計上され始めます。

図表1は同社が成長のKPIと位置付ける、創業以来の国内（メルカリJP）の流
通総額（GMV）と月間アクティブユーザー数（MAU）（注）の推移です。同社が数
字の開示を始めた2016年6月期以降、GMVの伸びが顕著なのがわかります。

（注）月に1回以上アプリまたはウェブサイトをブラウジングしたユーザーの数。

2016年6月期以降、年平均37.4％の成長を続け、6年後の2022年6月期は、
6.7倍の年間8816億円のGMVになりました。

一方、2014年9月にスタートしたメルカリUSは年平均50％の成長を続け、
2022年6月期は2016年比11.5倍の1344億円のGMVになりました。

MAUは、国内では2000万人を突破して（2022年6月時点）2040万人、アメリ
カでは490万人に上ります。

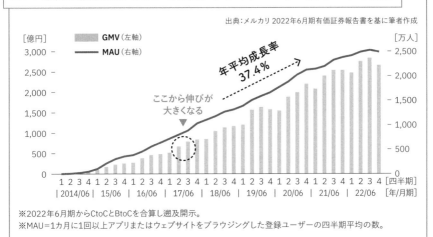

図表1）国内の流通総額（GMV）と月間アクティブユーザー数（MAU）の推移

出典：メルカリ 2022年6月期有価証券報告書を基に筆者作成

※2022年6月期からCtoCとBtoCを合算し遡及開示。
※MAU＝1カ月に1回以上アプリまたはウェブサイトをブラウジングした登録ユーザーの四半期平均の数。

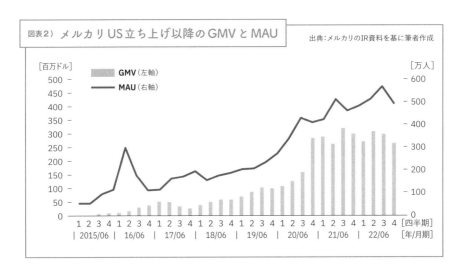

図表2）メルカリ US 立ち上げ以降の GMV と MAU

出典：メルカリのIR資料を基に筆者作成

日本のリユース小売市場の拡大をメルカリが牽引

メルカリの国内リユース小売市場における位置付けを知るために、国内市場

占有率を見てみましょう。

図表3は国内のリユース（中古）小売市場の推移です。

2021年は2兆6988億円となり、過去10年、年平均8％の成長を続けて、2.14倍の規模になりました。

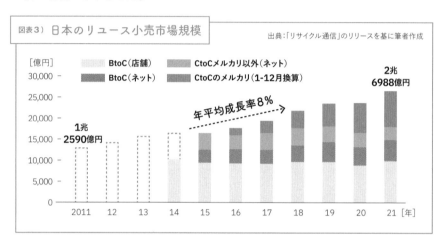

図表3）日本のリユース小売市場規模

出典：「リサイクル通信」のリリースを基に筆者作成

販路別に見ると、2014年に店舗経由とネット経由が64.4％対35.6％でした。それ以降、店舗販売は微増減を続け、ほぼ横ばいで推移する一方、ネット経由、特に企業が消費者に販売する**BtoC**よりも、個人間取引である**CtoC**の伸びが顕著なのがわかります。「リサイクル通信」が販売経路別内訳を発表するようになった2015年からの6年間で、リユース市場全体は1.6倍、ネット経由のBtoCは1.63倍、同CtoCは2.9倍に増加しました。

メルカリがサービスをスタートしたのは2013年7月、販売手数料無料から有料に移行したのが2014年10月、その1年後である2015年10月ごろから流通総額の伸びが大きくなります。このあたりからCtoC販路の伸びとともに、リユース市場全体の伸びが顕著になりますので、メルカリが市場全体の成長を牽引していると言えそうです。

2017年には店舗とネットの構成比が逆転し（46.4％対53.6％）、2021年には

店舗37.4%対ネット62.6%となります。

　2021年は、全体の44.0%がCtoC販路であり、そのうちメルカリ1社で73%を占めています（同社の四半期流通額を基に1〜12月の年間換算した金額と比較）。つまり、日本のリユース小売市場全体の31.6%をメルカリが占めているのです。

メルカリではどんなカテゴリーが取引されているのか？

　メルカリでどんな品目が取引されているのかを表したのが図表4です。

　2018年6月期の決算説明会資料によれば、サービススタート時、2014年6月期のカテゴリー別内訳は女性の利用者が多く、レディース、メンズ、ベビー・キッズ、コスメ・美容などのファッション系が69%を占めていましたが、その後、男性の利用者拡大とともに海外からの越境需要も含めたエンタメ・ホビーが増え、2022年6月期には同カテゴリーが27%と最多になります。ファッション系の合算は40%に低下しましたが、引き続き大きな構成を占めます。

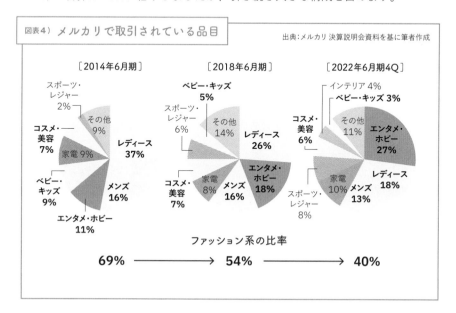

図表4）メルカリで取引されている品目　出典：メルカリ 決算説明会資料を基に筆者作成

メルカリの売り上げと利益の推移

メルカリの成長の軌跡と今後の展開を見てみましょう。

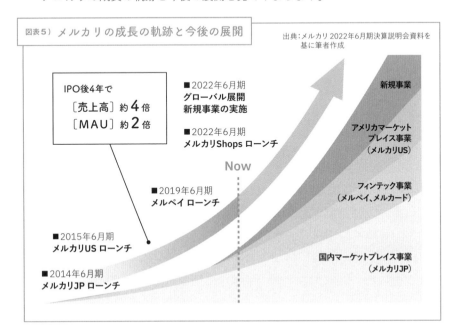

図表5）メルカリの成長の軌跡と今後の展開

出典：メルカリ2022年6月期決算説明会資料を基に筆者作成

IPO後4年で
［売上高］約**4**倍
［MAU］約**2**倍

■2022年6月期
グローバル展開
新規事業の実施

■2022年6月期
メルカリShops ローンチ

Now

■2019年6月期
メルペイ ローンチ

■2015年6月期
メルカリUS ローンチ

■2014年6月期
メルカリJP ローンチ

新規事業

アメリカマーケット
プレイス事業
（メルカリUS）

フィンテック事業
（メルペイ、メルカード）

国内マーケットプレイス事業
（メルカリJP）

同社の事業は国内のCtoCとBtoCのマーケットプレイス事業（メルカリJP）、アメリカのマーケットプレイス事業（メルカリUS）、メルペイやクレジットカードのフィンテック事業の3つから成り立っています。

主力のマーケットプレイス事業は顧客の取引高、つまりGMVから10％の利益を得る手数料ビジネスです。売上高はGMVの伸びとともに着実に伸び続けています。上場以来、4年間で売上高は4.1倍になりました。同期間の国内の売上高の伸びは2.5倍ですが、メルカリUSとフィンテック事業の積み増し分が規模の拡大に大きく寄与しています。

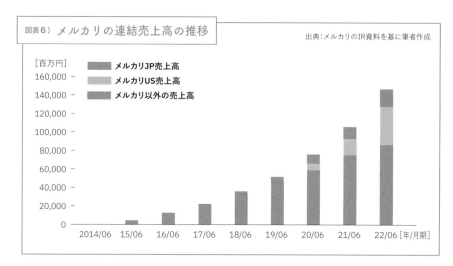

図表6）メルカリの連結売上高の推移

出典：メルカリのIR資料を基に筆者作成

一方、利益（経常利益）については、2021年6月期を除いて、通期赤字が続いています。

グループ全体の売上シェアの約6割を占めるメルカリJPは2016年6月期以降、15～20％の経常利益率で高収益を上げ続けていますが、事業育成中のメルカリUSとフィンテック事業の赤字が大きいためです。

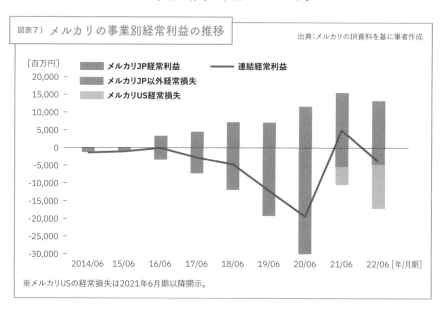

図表7）メルカリの事業別経常利益の推移

出典：メルカリのIR資料を基に筆者作成

※メルカリUSの経常損失は2021年6月期以降開示。

これに対し、同社は有価証券報告書の投資方針の中で、次のように述べています。

> **②継続的な投資について**
>
> 　当社グループは、継続的な成長のため、認知度、信頼度を向上させることにより、より多くのユーザを獲得し、また既存のユーザを維持していくことが必要であると考え、会社設立以降積極的にプロダクトの改善や梱包発送等の利便性の向上、マーケティング施策等に投資を行って参りました。今後も、規律を保ちながら、成長につながる投資を行う方針であります。

また、経営方針として、

> **④高い収益性を実現するビジネスモデル**
>
> 　当社グループは、「メルカリ（メルカリJP）」においてすでに高い収益性を実現しています。この背景は、一定の事業規模に達するとその後の更なる事業規模拡大に際してコストを適切に管理できるというビジネスモデルにあります。具体的には、当社のコスト構造の相当の割合は広告宣伝費により構成されていますが、一般的にモバイルアプリの初期成長段階では売上高に占める広告宣伝費の割合は高くなるものの、ユーザ基盤が拡大し安定するにつれて広告宣伝費の比率を抑えることが可能になります。その結果高い収益性を実現することが可能となります。

としており、メルカリの国内市場のこれまでの実績を見る限り、メルカリUSもマーケットで一定のシェアを獲得できれば、高い利益率が見込めるビジネスモデルになると考えています。

　メルカリUSが軌道に乗って広告宣伝費を調整できるステージになるまでどれだけ時間を要するか、それまでメルカリJPとフィンテック事業でいかに支えていくか、ということがポイントになるでしょう。

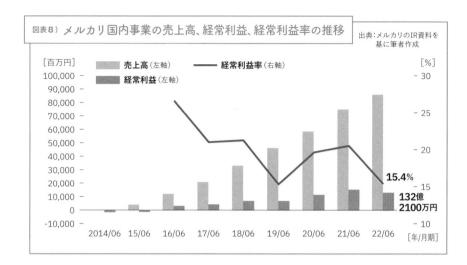

図表8）メルカリ国内事業の売上高、経常利益、経常利益率の推移

出典：メルカリのIR資料を基に筆者作成

メルカリは、なぜここまで普及したのか

　フリマアプリ、メルカリがここまで普及した理由を、その背景と施策から考察してみましょう。

　要因はいくつもあると思いますが、ここでは**ファストファッションブーム**によって溢れ始めた消費者のクローゼットと、スマホの普及によって日常的になったSNSの2つに注目したいと思います。

　まずは溢れ始めたクローゼットです。流通企業の革新のおかげで多くの人がより良い商品を、安価あるいは手の届く価格で手軽に購入することができる大量消費時代が成熟期を迎えます。ファッション市場で言えば、2008年のH&Mの日本上陸から始まったファストファッションブームの市場浸透もあり、消費者が安価にファッションを楽しむ選択肢が増えた一方で、限られたクローゼットのスペースから手持ち服が溢れ始めたと思われます。

もう1つはスマホとSNSの普及です。2008年に日本でiPhoneが発売されてから、スマホ経由の購買行動やユーザー同士が画像共有でつながるSNSが急速に普及したのはみなさんもご存じの通りです。

　溢れるクローゼット、いつでもどこでも手軽に画像が撮影でき、投稿できるSNSの普及。

　不用品を捨てるのはもったいない、もらい手を探すのも容易ではない、手放したくても手放せなかった不用品が手元にある。時間をかけてリユースショップに持ち込んでも、納得のいかない価格で買い取ってもらうのが関の山。一方、それまで普及していたネットオークションはたった1品を売るのに手間と時間がかかる。

　これに対して、自分のスマホでアプリを介して対象品の画像を撮り、自分で値づけをしてSNSに投稿する感覚で出品ができるサービスとインターフェイスの手軽さ、またローカルではなく、全国区に広がる商圏へ発信できる環境（マーケットプレイス）の提供は革新的でした。

　自分が納得のいく、かつ相手が買ってくれそうな値段を自ら設定できる。価格さえ間違えなければ、半数が数日以内に買い手がつくというスピード感。出品は無料、売れた時にメルカリに払う手数料は売上代金の10%のみ。

　ゲーム感覚で、不用品を手放して小遣い稼ぎができることで、比較的家で時間のある主婦層や、プレイ済みのゲームや読み終わったコミックの売買に慣れた若者世代を中心に普及が始まります。

≫「エコシステム」に進化したメルカリ

　そんなマーケットプレイス型のマッチングプラットフォームに出品数が増

え、売買が加速すれば、これから出品しようとする人は、過去の取引単価を参考に価格をつけて出品できるようになり、価格設定に悩む時間がセーブできます。

また、不要になったら手放すことを前提に新品を買う人は、手放す際にいくらで売れるかの検索ツールにメルカリを利用するようになります。売却時の相場感がわかれば、「新品はできるだけ安く買うのではなく、売却価格が高いものを選ぶ」行動に変わります。

中古で済ませられるものは、まずはメルカリならいくらで買えるかと価格をチェックしてみたり、手放す際の中古価格のデータベースとして使ったり、いつの間にかメルカリは消費者の新しい購買行動を生み出しました。これらはメルカリ自身も当初想定しなかった、むしろユーザーが教えてくれた使い方の1つだったと言います。

このプロセスはまさしく、事業者側が用意したプラットフォーム内で、参加者どうしが価値を高めていく**エコシステム**への進化の一例です。

≫ ユーザーの使い勝手と安心を徹底的に追求

もちろんメルカリ自身も、ユーザーの使い勝手の改善に余念がありません。AI技術を活用して、ユーザーが不安なく快適に利用できるように努め、過去の検索履歴や取引からユーザー画面を**パーソナライズ**します。売買が成立した後、売り手が商品を発送する手間や送料を軽減するために、日本郵便、ヤマト運輸、コンビニらと協議して発送の手間やコストの改善を進めます。その結果、いまやコンビニが取り扱う宅配荷物の8割をメルカリが占めると言います。

さらに、売り手と買い手がお互い匿名で発送および着荷が可能な**プライバシー保護**のための暗号化のしくみを取り入れたり、売上代金についてはメルカリが間に入って、買い手からの入金後に売り手に発送を促し、買い手の着荷確認後に売り手に支払う**エスクロー決済**を行っています。ユーザーが安心して取

引できるように、利用者の立場に立って、不安を1つひとつ改善していきます。

不用品がお金に換わり新たな消費を生む

　売り手がメルカリから売上金を受け取る際に、現金だと振り込み手数料としてその都度200円がかかりますが、手数料負担を惜しむ売り手は、売上代金をメルカリポイントとしてプールしておくことによって、メルカリで買いたいものがあった時に使うことができます。メルカリ内で使わない場合でも、わざわざ換金せずに貯まったメルカリポイントを電子マネー「メルペイ」として多くのお店で使えるよう、利用可能店の拡大にも努めています。

　このように、メルカリは誰かの不用品が新しい所有者の役に立ちながら、一方で不用品がお金に換わり、売り手の新しい消費につながるという循環型金融経済圏を形成しているのです。

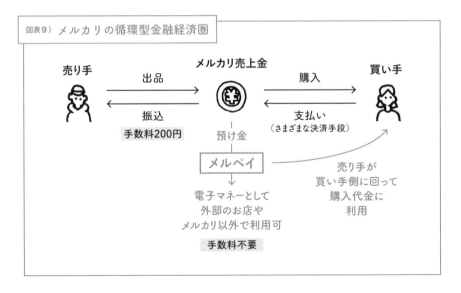

図表9）メルカリの循環型金融経済圏

>> 利用のハードルを下げユーザーを増やす

　また、これからメルカリに出品したい人向けに、リアルの場においても、初めての人向けの「メルカリ教室」を全国規模で開催したり、丸井と提携して常設のリアル拠点「メルカリステーション」を設置したりするなど、利用者および利用頻度の拡大にも投資をしています。

　同社の決算資料によれば、2022年6月期に、MAU2000万人を突破したメルカリユーザー数を、今後も中長期的に3年CAGR（年平均成長率）15％で増やし続ける計画のようです。

メルカリと従来の店舗型リユース企業の
ビジネスモデルの違い

　ここで、メルカリのビジネスモデルを従来からある店舗型リユース小売業と比較することでビジネスモデルの違いを明らかにしてみましょう。

　ともに上場企業で、リユース事業がメインのブックオフグループとトレジャーファクトリーをメルカリJP（メルカリJPを運営する連結決算上の提出会社）の損益計算書（PL）構造を比較してみます。

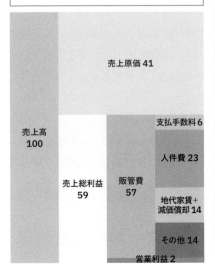

ブックオフ（2022年5月期）［PL］

- 売上高 100
- 売上原価 41
- 売上総利益 59
- 販管費 57
  - 支払手数料 6
  - 人件費 23
  - 地代家賃＋減価償却 14
  - その他 14
- 営業利益 2

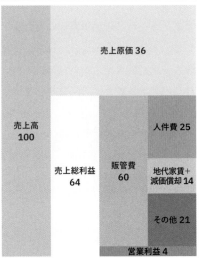

トレジャーファクトリー（2022年2月期）［PL］

- 売上高 100
- 売上原価 36
- 売上総利益 64
- 販管費 60
  - 人件費 25
  - 地代家賃＋減価償却 14
  - その他 21
- 営業利益 4

店舗を中心に買取、販売をするブックオフとトレジャーファクトリーはともに、一般消費者から買い取った在庫（売上原価）に60％前後の付加価値（粗利）を乗せ、人件費と地代家賃などの経費をかけて販売して利益を残す小売ビジネスモデルです。

一方、メルカリはオンライン上のCtoCの仲介ビジネスのため、店舗も在庫も持ちません。同社の売り上げは、マーケットプレイス事業のGMVに対して約10％相当の仲介手数料です。これを稼ぐ

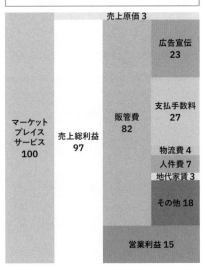

メルカリJP（2022年6月期）［PL］（変換後）

- マーケットプレイスサービス 100
- 売上原価 3
- 売上総利益 97
- 販管費 82
  - 広告宣伝 23
  - 支払手数料 27
  - 物流費 4
  - 人件費 7
  - 地代家賃 3
  - その他 18
- 営業利益 15

※株式会社メルカリのPL上の売上原価に含まれる変動費を開示情報に基づいて販管費に振り分けた。

ために、売り手と買い手をプラットフォーム（アプリ）に集める広告宣伝費と、介在するすべての取引（GMV）の売買を代行するので、GMV全体にかかる**決済支払手数料**、その他システム開発やマーケティング関連の人件費が主な販売管理費となります。

また、貸借対照表（BS）については、ブックオフやトレジャーファクトリーは借入をしながら中古品を買い取って**在庫**を持ち、店舗や物流関連の有形固定資産が大きく、店舗を借りるために**差入保証金**（敷金）に資金を使っている典型的な小売業のBS構造です。

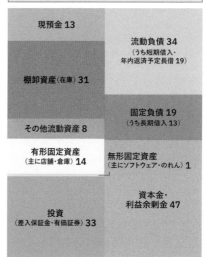

ブックオフ（2022年5月期）[BS]

現預金 18	流動負債 36 （うち短期借入・ 年内返済予定長借 18）
棚卸資産（在庫）34	
	固定負債 27 （うち長期借入 17）
その他流動資産 10	
有形固定資産 （主に店舗・倉庫）14	無形固定資産 （主にソフトウェア・のれん）4
	資本金・ 利益剰余金 37
投資 （差入保証金・有価証券）20	

トレジャーファクトリー（2022年2月期）[BS]

現預金 13	流動負債 34 （うち短期借入・ 年内返済予定長借 19）
棚卸資産（在庫）31	
	固定負債 19 （うち長期借入 13）
その他流動資産 8	
有形固定資産 （主に店舗・倉庫）14	無形固定資産 （主にソフトウェア・のれん）1
	資本金・ 利益剰余金 47
投資 （差入保証金・有価証券）33	

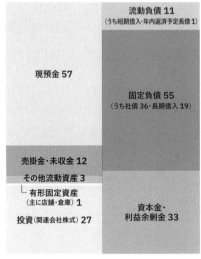

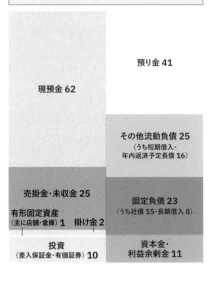

※左はメルカリ（国内事業）のBS、右は連結のBS。

　一方、メルカリJP（左）は在庫がなく、店舗を持たないため有形固定資産も
なければ、システムは自社開発なので、無形固定資産もほとんどありません。
その代わり、現預金とまもなく現金化される売掛金・未収金を中心とした流動
資産が大勢を占め、投資先の子会社の株式を持っています。

　また、フィンテック事業のメルペイやメルカリUSも含む連結決算のBS（右）
を見て興味深いのは、負債側に大きな預り金を抱えていることです。これは

①メルカリの売り手が販売したが、換金されずメルカリが売り手から預
　かったままになっている売上金
②メルカリ内でまたは電子マネーメルペイとして使えるように売り手がメ
　ルカリポイントに変換したもの
③ユーザーがメルカリなどで買い物をするためにチャージした金額の合計

です。

　過去から経年で決算書を見ると、実際の流通総額（GMV）の拡大とともに預り金（メルカリポイントおよびチャージ額）が積み上がっているのがわかります。

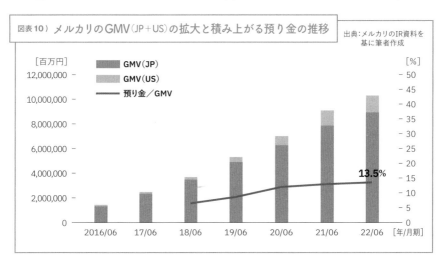

図表10）メルカリのGMV（JP＋US）の拡大と積み上がる預り金の推移

出典：メルカリのIR資料を基に筆者作成

[百万円]　　　■ GMV（JP）　　　　　　　　　　　　　　　　[％]
12,000,000　　　　 GMV（US）　　　　　　　　　　　　　　　 ─ 50
　　　　　　　　　　　　　　　　　　　　　　　　　　　　　 ─ 45
10,000,000　　　　── 預り金／GMV　　　　　　　　　　　　　 ─ 40
　　　　　　　　　　　　　　　　　　　　　　　　　　　　　 ─ 35
8,000,000　　　　　　　　　　　　　　　　　　　　　　　　　 ─ 30
6,000,000　　　　　　　　　　　　　　　　　　　　　　　　　 ─ 25
　　　　　　　　　　　　　　　　　　　　　　　　　　　　　 ─ 20
4,000,000　　　　　　　　　　　　　　　　　　　13.5％　　　 ─ 15
　　　　　　　　　　　　　　　　　　　　　　　　　　　　　 ─ 10
2,000,000　　　　　　　　　　　　　　　　　　　　　　　　　 ─ 5
0　　　　　　　　　　　　　　　　　　　　　　　　　　　　　 ─ 0
　　　 2016/06　17/06　18/06　19/06　20/06　21/06　22/06　[年/月期]

　同社はもちろん、ユーザーからの預り金を事業資金に流用することはありませんが、預り金はメルカリの資産を形成している、同社のビジネスモデルの特徴の1つです。同社の資産がメルカリユーザーによって支えられていることがわかります。CtoC型のマーケットプレイスを運営するITプラットフォーマーから金融企業に向かっているのではないでしょうか。

メルカリの現状の課題と未来を考える

　メルカリは連結決算では赤字が続きますが、繰り返しますが、メルカリJP事業は高い営業利益率の高収益です（p193の図表8）。今後も順調にGMVを3年CAGR15％で伸ばすべく、出品促進と購入者の集客に力を入れていくことでしょう。

　2021年10月に始めたBtoC事業者サービスメルカリShopsでは、メルカリ

の集客力に期待した事業者がすでに20万社も出店し、新品を出品、販売中です。メルカリにアクセスする月2000万人を超えるユーザーに、中古品以外の来店動機や購入を促すコンテンツとしても役割を果たしそうです。

　次にフィンテック事業は、メルペイが2022年6月期に単体（調整前）での通期黒字化を果たしました。

　今後もメルカリ内外でのポイントの利用促進とともに、2022年11月にJCBと提携して本格参入したクレジットカード「メルカード」の普及を図ります。チャプター7でご紹介した丸井グループのように、クレジットカード事業は高収益事業です。グループの利益を支える柱になる可能性が高いです。

　また、同社の連結赤字の原因になっているメルカリUSは、現在は多額の広告宣伝費を投入してMAUとGMVを拡大中で、大きな赤字を抱えるステージです。軌道にのって広告宣伝費を適正コントロールできるようになるまでは、もうしばらく時間がかかりそうですが、メルカリJPの収益性が示すように、同事業が黒字化すれば連結決算は一気に利益体質になることが期待されます。

　その先に見える風景は……売買促進活動がGMVを増やし、メルペイ残高が増加し、メルペイの外部利用が拡大する世界。消費者のたんす在庫の不用品という埋蔵金を発掘することから始まったメルカリですが、メルカリ以外の商圏や金融にも影響を及ぼす循環型金融経済圏の創造と拡大に他なりません。

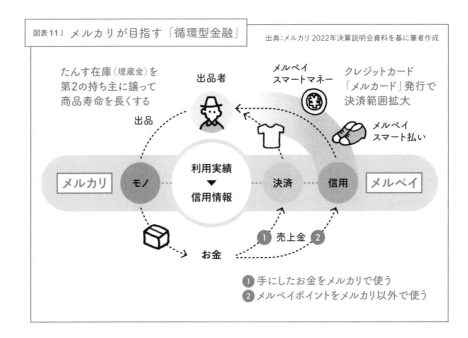

図表11）メルカリが目指す「循環型金融」 　出典：メルカリ 2022年決算説明会資料を基に筆者作成

たんす在庫（埋蔵金）を
第2の持ち主に譲って
商品寿命を長くする

出品者

メルペイ
スマートマネー

クレジットカード
「メルカード」発行で
決済範囲拡大

出品

メルペイ
スマート払い

メルカリ　モノ

利用実績
▼
信用情報

決済　信用　メルペイ

お金　① 売上金 ②

① 手にしたお金をメルカリで使う
② メルペイポイントをメルカリ以外で使う

もう1つのリユースビジネスの形
顧客の不用品をオンラインで販売代行するthredUP

　アメリカで消費者のクローゼットの循環を手助けする注目のオンライン企業
の1つにthredUP（スレッドアップ）という企業があります。同社は、ユーザーか
ら不要になったファッションブランド商品を送ってもらい、オンライン上で販
売代行するサービスを提供しています。

　同社は2009年に子供が成長して着なくなった子供服を取り扱うビジネス
からスタートし、その後、婦人服、シューズ、アクセサリーへと取り扱い商
品を広げてきました。当初はthredUPが買い取り販売をしていたようですが、
2019年からは委託販売をする販売代行型に移行し、その後、2021年に上場
を果たしています。

図表12は同社のIR情報サイトに開示されている売上高と利益の推移グラフです。

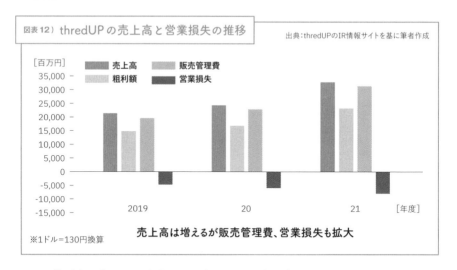

図表12）thredUP の売上高と営業損失の推移

出典：thredUPのIR情報サイトを基に筆者作成

[百万円]
- 売上高
- 販売管理費
- 粗利額
- 営業損失

35,000
30,000
25,000
20,000
15,000
10,000
5,000
0
-5,000
-10,000
-15,000

2019　　　　20　　　　21　　[年度]

※1ドル＝130円換算

売上高は増えるが販売管理費、営業損失も拡大

同社が売り主として中古品を販売して得る売上高は年率2桁増で伸びていますが、それ以上に、事業拡大のための広告宣伝費や設備投資がかさみ、赤字が続いているのが現状です。

同社のサービスの流れをご紹介すると、サービスに申し込むと Clean Out Kit （クリーンアウトキット）というバッグが自宅に届き、出品希望ユーザーはそのバッグに不用品を詰め込み、送料無料でthredUP の倉庫に郵送します。

同社は送られてきた商品が販売可能かどうかを検品・査定後、販売可能商品は撮影をして、ふさわしい価格をつけ、thredUPのサイトで一定期間（30〜45日）販売します。

販売が難しい商品は送料ユーザー負担でユーザーに返却するか、thredUP に寄付する選択肢を選ぶことになります。

ブランドや商品の状態によりますが、元値の30〜60％オフで売り出された

商品は、買い手がつけば同社の手数料を差し引いた後、thredUPで使えるクレジット（ポイント）またはペイパルなどの決済会社経由で売り手に代金が支払われるというものです。

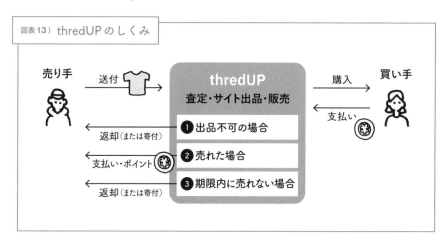

図表13）thredUP のしくみ

同社の販売サイトは、ブランドごと、品種ごとに分類されています。販売委託をする売り手にとって安価なブランドは売り手の取り分（支払率）が低くなりますが（最低3%）、高く売れるハイブランドになるほど売り手の取り分が高くなり、販売価格に対して最大80%までになるようです。

図表14）thredUP の売り手への支払率　　　　　出典：thredUPのウェブサイトを基に筆者作成

販売価格	支払率
5.00〜19.99ドル	3〜15%
20.00〜49.99ドル	15〜30%
50.00〜99.99ドル	30〜60%
100.00〜199.99ドル	60〜80%
200ドル以上	80%

◀ このあたりが
平均単価

同社の決算書の数値から計算すると、平均販売単価は50ドル前後、同社の粗利率は70％前後なので、50ドルの30％＝15ドル相当が、売り手の取り分です。

　販売期限内に売れない場合は送料売り手負担で返品されるか、thredUPに寄付することになります。

　実際にアメリカで同サービスを利用されている方に話を伺ったところ、中古の循環消費に関心の高いミレニアル世代、Z世代だけでなく、比較的所得の高いミレニアル世代、Z世代の親世代が、ブランド検索をして掘り出し物探しを楽しんでいるようです。

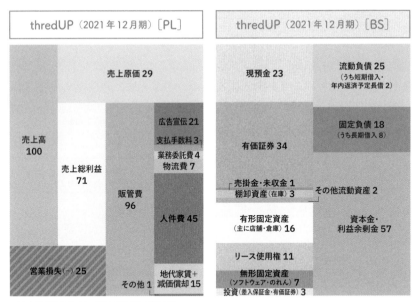

※売上総利益を上まわる販売管理費＝営業損失。

　上の図は同社のPLとBSです。同社のPL上の売上高のうち、70％相当（売上総利益）が同社の販売手数料です。人件費がかなり大きいところを見ると、倉

庫で仕分けをしたり、一品一品商品評価をしたり、いわゆるささげ（撮影・採寸・原稿）作業をしてサイトにアップすることにかなりの手間をかけていると見られます。オンラインスタートアップ企業のため、集客のために多くの広告宣伝費も投じています。ざっと、広告宣伝費分が営業赤字となっている収益構造です。

オンライン企業ながら、販売サイドの自動化はともかく、出品までの工程、その中でも、持ち主から預かった商品を1点1点評価することに手間がかかることが想像されるため、このあたりが自動化されないと規模が大きくなっても人件費も増え続けるビジネスモデルと推測されます。この部分の効率化、あるいは別の収益源が事業の黒字化や事業の継続性のカギになりそうです。

ブランド企業の中古品の循環を支援するRaaS

thredUPの取り組みに、個人間の中古衣料の販売代行のサービスだけではない、RaaS（Resale as a Service）というブランド（法人）向けサービスがあります。

これは、同社の委託販売がブランドを切り口にしたものであるため、特定のブランド企業と組んで、同ブランドサイト内で、新品とともにthredUPが集荷したそのブランドの中古品の販売を行うものです。

従来ファッション業界では、新品を販売するブランド企業が中古品を扱うということは考えられませんでした。しかし、昨今のユーザーの循環型社会への関心、企業の社会的責任意識の高まりから見方が変わってきています。自ら販売した商品の循環に取り組んだり、また、中古品は状態が悪くなければ、新しい顧客向けのエントリー商品と位置付けることができると解釈したりして、自ブランドの中古品の取り扱いを前向きに考えるブランドが増えてきています。

ただし、中古品の集荷、回収、仕分け、査定および販売には相当の手間がか

かるため、すでに中古品を集荷して再販売するインフラを整えているthredUP
と組んで無理なく始めてみるという試みです。

　大手企業ではアディダス、ギャップ、その傘下のバナナ・リパブリックなど
がこのRaaSの取り組みに参加しています。

≫ ディスカウントストアがラグジュアリーブランドを販売

　RaaSのもう1つの取り組みは、自ブランドではなく、thredUPが取り扱うブ
ランドの中古品をオンラインサイトに組み込んで、ブランドの中古品を販売し
ようとする企業を支援する試みです。大手チェーンでは、全米最大手の小売業、
ウォルマートもパートナーに名を連ねています。同社のサイトを覗くと、ディ
スカウントストアである同社に卸すはずのないラグジュアリーブランドの中古
品が販売されていることに驚かされます。

　いずれのパターンも、企業にとっては、thredUPのサービスを利用すること
によって不用品の循環に取り組むことができる。既存顧客の新しい需要に応え
られる。新しい顧客を開拓できる。そのブランドが好きなファンにとっては、
新品だけでなく、中古品も選択肢に加えることができるというわけです。

　面倒なバックヤード業務はAPI連携することで、thredUPが既存業務の延長
線上で代行してくれるので、提携企業はすぐに取り組むことができます。

　thredUPの損益は、査定、販売、返品およびその間の売り手、買い手とのや
り取りに手間がかかるようで、しばらく赤字が続くかと思います。今後、1品
あたりの販売単価が上がって1手間あたりの粗利額が増えること、固定費を大
きく上回る総売上の伸び、RaaSによる企業からの収益の拡大あたりが黒字化
のカギになりそうです。

ゲームチェンジャーは
不用品に新しい所有者を見つける仲介を
することで、商品の寿命を延ばし手数料収入を得る。
アプリ内の売上金が新しい消費を生み、その経済効果は、
電子マネーや発行クレジットカードを介して
プラットフォーム外にも広がる。

　買い取りから再販に費用と手間がかかる従来のリユースビジネスを、アプリによるCtoCマッチングに換え、売り手と買い手とプラットフォーマーが役割分担しながら流通総額を増やす。ユーザー参加型にすることでサービス改善が続くエコシステムとなる。

　貯まった売上金に、電子マネーやクレジットカードなどフィンテックサービスを提供することで、消費者が持つたんす在庫（埋蔵金）から新しい消費が生まれる循環型金融経済圏が拡大する。

> ゲームチェンジャーからの学び ・・・

- たんす在庫＝不用品の所有者と必要とする人をマッチングし、商品寿命を延ばし、眠っていた埋蔵金を新しい価値に換える。
- CtoCにすることで、ユーザー同士がプラットホームの価値を高めていくエコシステムになる。
- ユーザーの売上金が新たな消費と経済効果を生む循環型金融経済圏を創造する。

連結決算と個別決算

　決算書を読む時、まずはその企業が、子会社があり連結決算をしているのか、個別の企業単体で業績を開示しているのかを見るようにしています。

　次に、連結決算をしている場合、ホールディングカンパニー制を敷き、子会社から利益を吸い上げる持ち株会社が親会社として提出会社になっているのか、あるいは事業会社である親会社が提出会社になっているのかを確認します。

　決算書を見る目的は、業績だけでなく、その会社の事業の特性やビジネスモデルを把握し、儲けの秘訣や利益に直結するKPIの推移を知ることですから、その特徴が表れている単位で財務諸表を見る必要があります。

　そのため、同じ事業の集合体と言える連結全体で見るか、全体の大きな構成比を占める提出会社の個別決算書を見るかを決めて分析を始めます。

　ホールディングカンパニーである時は、提出会社の財務諸表から学ぶことはほとんどありません。インディテックスやファーストリテイリング、ニトリのように、連結子会社が同じビジネスモデルであったり、あるいは特徴のある特定の事業が圧倒的に連結決算の構成比の大多数を占めたりしているようであれば、連結決算を見れば、その企業のビジネスモデルと業績の傾向がつかめます。

　一方、本章で取り上げたメルカリは、提出会社が国内メルカリ事業を運営する、グループ全体の親会社である株式会社メルカリです。子会社であるフィンテックやメルカリUSを含む連結決算は赤字でも、親会社である提出会社の財務諸表を見ることで、国内事業は大きな利益が出せていることがわかるのです。

　もっとも連結決算で見る場合でも、業績の10%以上を占めるセグメントは損益を開示していて、決算説明会資料やデータブックに任意で個別事業別の損益を明らかにしていますので、事業別に売り上げと利益を知ることができます。

APPAREL
GAMECHANGER

DoorDash
（ドアダッシュ）

ラストマイル物流と
地域経済活性化

#サプライチェーン　#ラストマイル

#フードデリバリー　#ギグワーカー　#マッチングアプリ

#オーダー総額（GOV）　#サブスクリプション

#地域経済活性化

これまでの常識

消費者は店舗に足を運び、食事をし商品を購入する。
オンライン通販の普及により宅配が急増し
宅配（BtoC）物流が社会問題に

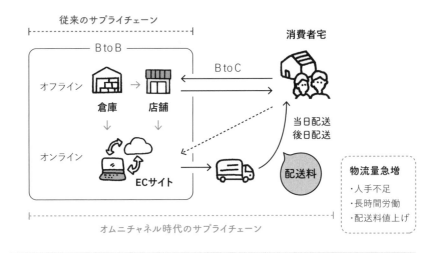

- ✔ Eコマース（EC）の拡大でサプライチェーンは消費者宅まで
  延長
- ✔ EC物流量の増大に伴い配送料が上昇
- ✔ 送料負担をめぐる企業・消費者間の問題浮上

チェンジ

本章の概要

宅配の常識を変え、商品を提供する店舗と購入したい顧客、即時配送する個人事業主の3者をオンラインでマッチングさせながら宅配問題を越え、地域経済の活性化を目指す。

ゲームチェンジャーの新常識

⋮

店舗から商品を消費者に届ける
個人事業主（ギグワーカー）を
テクノロジーでマッチング

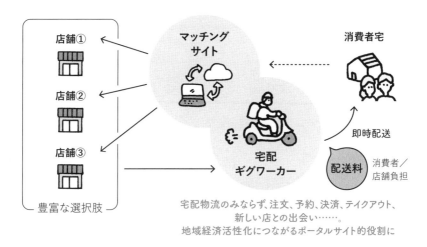

宅配物流のみならず、注文、予約、決済、テイクアウト、
新しい店との出会い……。
地域経済活性化につながるポータルサイト的役割に

- ✔ 顧客と店舗と即配対応可能な個人事業主をマッチング
- ✔ 店舗と顧客の双方が配送料を負担
- ✔ 利便性だけでなく地域経済を活性化させるポータルサイトに発展

ザ・ゲーム　CHANGE THE GAME

これまでの常識

- 消費者は自ら店舗に足を運び、商品を買ったり、飲食をしたりするもの。
- 通販やデリバリーサービスにおいて、購入した商品を自宅に届けてもらうには配送料と時間がかかる。
- 配送料は購入者が負担するか、一定額以上購入することで提供される送料無料サービスにより企業側が負担する。

パラダイムシフト

- スマートフォン（スマホ）の普及、オンライン通販の拡大によって、サプライチェーンは生産地から店舗まで（企業間BtoB）という常識から、顧客の自宅に届けるところ（BtoC）までを考える時代、つまり、ラストマイルまでを視野に入れることが必要となった。
- 遠い中央倉庫から顧客宅に届けるよりも、近くの店にある在庫を顧客に届ける方が対応も速く、効率がよい。
- 店舗と消費者の自宅をつなげる配送サービスの需要が高まる。

ゲームチェンジャーの新常識

- ローカル店舗から忙しい消費者に商品を届けてくれる個人事業主（ギグワーカー）をテクノロジーでマッチングさせてつなぐ。
- 消費者は時間を買い、ギグワーカーは空いた時間と労力を提供する。
- プラットフォームに豊富な店舗の選択肢を用意することで、消費者は需要に応じて、ギグワーカーを活用することを考える。
- 店舗はプラットフォームに参加することで、新しい顧客と出会い、商品を提供することができる。

急成長の理由 | **三方よしの配送シェアリングのしくみ**

顧客を求める店主と、料理や商品の即配を望む消費者をマッチングさせるテクノロジー。消費者と店主がドライバーに支払うフィーをフェアに分け合う工夫が持続可能のカギ。店舗、消費者、即配ドライバーが三方よしの配送シェアリング。

店舗と消費者の
ラストワンマイルを
即配ギグワーカーでつなぐ
マッチングプラットフォーム

ド　ア　ダ　ッ　シ　ュ
DoorDash

　スマホの普及とともに、オンライン経由で情報を検索してから消費をすることが常識となり、Eコマース（EC）が普及しました。商品やサービスを提供する企業は商品の製造から店舗までを想定していた従来のサプライチェーンに、店舗あるいは近隣倉庫から消費者宅への配送も含めて考えなければならなくなりました。この、店舗または倉庫から消費者に届けるプロセスをラストマイルと呼びます。

図表1）サプライチェーンの比較

| 原料メーカー | 製造工場 | 卸売メーカー | 小売業 | エンドユーザー |

| 従来のサプライチェーン | サプライチェーン（BtoB） |
| 現代のサプライチェーン | サプライチェーン（BtoBtoC）
ファーストマイル（BtoB） | ラストマイル（BtoC） |

※小売業の倉庫・店舗間はミドルマイルと呼ぶ。　※B＝ビジネス、C＝消費者。

　このラストマイルは宅配業者に任せる仕事と思った方もいらっしゃるかもしれませんが、流通販路の中でECの比率が高まるにつれて、このラストマイルの物流問題は企業のサービスクオリティーや損益に関わる重要な課題の1つになったのです。

　企業間（BtoB）物流と企業個人間（BtoC）物流は、前者はいかにたくさんの量を効率よく安価で運ぶか、後者は個配でいかに確実に届けるかで考え方が根本的に違います。ECが普及する中、このラストマイルを含めて流通プロセスと損益を再設計しなければならないのです。

　チャプター9では、コロナ禍で一躍脚光を浴びた飲食店から個人宅へフードを届けるデリバリーサービスの中でも、アメリカで同サービスのシェアの約6割を占めるDoorDash（ドアダッシュ）のビジネスモデルを取り上げます。日本においては、出前館やUber Eatsに近いサービスを提供しています。

　本書でこのテーマを取り上げる理由としては、このラストマイル、個別即時配送の需要は、フードデリバリーサービスにとどまらず、近い将来、一般の物販流通にも関わる話と考えるからです。アメリカで急成長し、圧倒的なシェアを誇る同社のビジネスモデルを紐解き、消費者を取り巻くラストマイル物流と普及の課題について考察したいと思います。

全米フードデリバリー市場の6割を占めるガリバー

　DoorDashは2013年、「テクノロジーの力で地域経済を育み、活性化させること」をミッションに、スタンフォード大学の学生トニー・シュー、スタンリー・タン、アンディ・ファンおよびエヴァン・ムーアらによって創業された、商品を提供する店舗（主にレストラン）とデリバリーを必要とする消費者を、オンラインでマッチングさせるテクノロジー企業です。

　現在アメリカでは、人口の85％をカバーする地域でサービスを展開し、全米フードデリバリー市場において、約6割のシェアを占めているガリバー企業です。

　同社の2021年12月期の決算書によれば、同社のサイトには200近くの大手チェーン店を含む45万軒の店舗が出店し、2021年度は月間2500万人の利用者（MAU）がおり、年間に600万人のドライバーが稼働したそうです。年間13億件のデリバリーサービスをマッチングさせ、5兆円を超える総オーダー額に関与しました。Dasher（ダッシャー）と呼ばれるドライバーは同社のプラットフォームを通じて、週あたり平均4時間稼働し、年間総額で110億ドル稼いだそうです。単純計算で、デリバリー1件あたり8ドル強（1ドル＝130円換算で1000円強）を稼ぐようです（同社IR資料より）。

　アメリカの他にカナダ、オーストラリア、ドイツ、日本にも国際展開しており、日本においては2012年6月に参入以来、2022年6月までDoorDashの名前で展開していましたが、同業のWalt（ウォルト、フィンランド本社）を買収することで、日本でのサービスはウォルトに一本化させています。

≫ DoorDashの2つのサービス

　同社のサービスは大きく分けて2つあります。1つは、同社のメインサービスである店舗と注文したい消費者とドライバー（ダッシャー）をマッチングさせて商品を消費者に届ける、または消費者がオンライン注文した品を店舗に自ら

取りに行くテイクアウトに対応するMarketplace（マーケットプレイス）というサービスです。

　もう1つは、同社のインフラを部分的に提供するPlatform Service（プラットフォームサービス）です。これは主に、顧客から注文を取れるサイトは自前で持っているが、届けるドライバーがいないレストラン向けにドライバーだけを手配するDrive（ドライブ）と、自らデリバリーはできるが、集客できるサイトを持っていない店にサイトや受注システムを提供するStorefront（ストアフロント）の2つのサービスから成り立ちます。

　マーケットプレイスとプラットフォームサービスの2つを組み合わせて多角的に店舗と消費者を結びつけています。

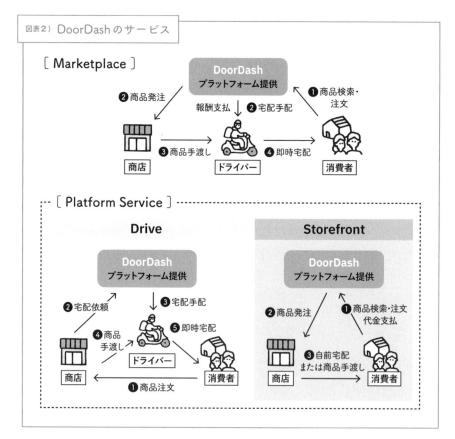

図表2）DoorDashのサービス

　消費者はDoorDashを通じて希望するカテゴリーから店舗を探し、通販で注文する感覚で欲しい商品をカートに入れ、ドライバーのマッチングを待ちます。なかなか席が予約できないレストランや、それまで知らなかった地元の名店と出会う楽しみもあるようです。

　同社のコスト構造をモデル化したのが図表3です。

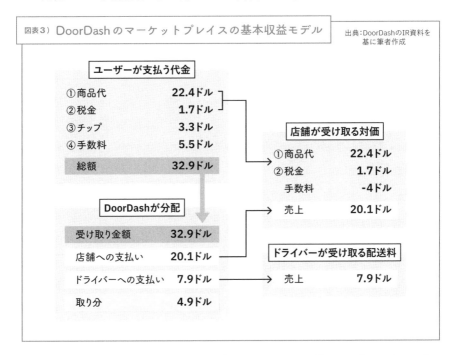

図表3）DoorDashのマーケットプレイスの基本収益モデル　　　出典：DoorDashのIR資料を基に筆者作成

ユーザーが支払う代金

①商品代	22.4ドル
②税金	1.7ドル
③チップ	3.3ドル
④手数料	5.5ドル
総額	32.9ドル

店舗が受け取る対価

①商品代	22.4ドル
②税金	1.7ドル
手数料	-4ドル
売上	20.1ドル

DoorDashが分配

受け取り金額	32.9ドル
店舗への支払い	20.1ドル
ドライバーへの支払い	7.9ドル
取り分	4.9ドル

ドライバーが受け取る配送料

| 売上 | 7.9ドル |

　ユーザーは①商品代22.4ドル、②税金1.7ドル、③チップ3.3ドル、④手数料5.5ドルの総額32.9ドルをDoorDashに支払います。これに対して、DoorDashは①商品代と②税金の合計額からDoorDash利用手数料（約4ドル、①＋②の15％相当）を引いた20.1ドルを商品対価として店に払い、ドライバーに③チップと④手数料の大半にあたる7.9ドルを配送料として払います。ユーザーが支払う総額との差額4.9ドルがDoorDashの手元に残る勘定です。

このマーケットプレイスでの取引では、オーダー総額のおおよそ15％をDoorDashが受け取る計算になります。ただ、ドライバーだけを手当てするDriveや、デリバリーは行わず、サイトの利用環境だけを提供するStorefrontのサービス、さらに、月間9.9ドルを支払うことで各回の利用手数料が無料になったり、一定額以上が割引になったりするDashPassというサブスクリプションサービス（2021年12月時点で約500万人の利用者あり）を利用するユーザーからの収入など複数のサービスが含まれるため、DoorDashの収入は平均でオーダー総額（GOV）比11％相当になるようです。

DoorDashの損益

図表4は過去4年間の同社が関与したGOVと手数料収入からなる売上高と営業利益の推移です。

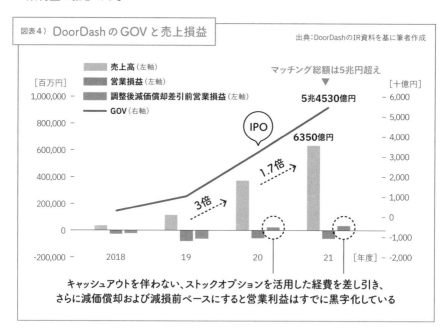

図表4）DoorDashのGOVと売上損益

出典：DoorDashのIR資料を基に筆者作成

マッチング総額は5兆円超え
▼
5兆4530億円

[百万円]

売上高（左軸）
営業損益（左軸）
調整後減価償却差引前営業損益（左軸）
GOV（右軸）

IPO

6350億円

1.7倍

3倍

[十億円]

キャッシュアウトを伴わない、ストックオプションを活用した経費を差し引き、さらに減価償却および減損前ベースにすると営業利益はすでに黒字化している

　外出自粛があったコロナ禍の2020年度にGOV、売上高ともに前年比3倍に伸ばし、2020年12月にIPO（ナスダック）を果たします。2021年度もともに前年比約1.7倍に増加しています。

　同社のサービスの特徴を3つ挙げると、豊富な選択肢、効率的な物流、顧客との関係性づくりです。全国の特定の地域にフォーカスして、ローカルの参加店舗を募ってユーザーの選択肢を増やし、テクノロジーで配送精度を高め、レビューやレコメンドなどを通じて顧客との関係性づくりに力を入れ、リピート率を増やすことでGOVのさらなる増加を図ります。

　2021年12月期まで会計報告上の損益計算書（PL）は赤字が続きます。これは出店店舗と利用顧客とドライバーを増やしたり維持したりするための広告宣伝費（売上高対比33％）が大きいことが要因の1つです。また、販売管理費の中には従業員の給与やインセンティブにストックオプションを取り入れていたり、資産（デバイスやシステム）のアップデートによる減価償却費や減損が多く含まれることも大きいようです。しかし、同社決算書にはこれらを差し引いた利益、つまり営業キャッシュフローベース上の調整後利益が2020年度の上場時にすでに黒字になっているようです（図表4参照）。2021年度になると、減価償却費を差し引いたとしても、ストックオプション分の経費を控除すれば黒字になっており、事業としては黒字化のメドが立っているようです。

　また、貸借対照表（BS）の特徴を見ると、店舗や倉庫、車両などの設備を必要としない同社は、現預金や有価証券など流動性の高い資産が多く、店舗に貸与するシステムやウェブサイト関連の資産、事業シナジーの見込める企業の株式取得に投資するなど、成長期のIT企業らしい構造をしています。

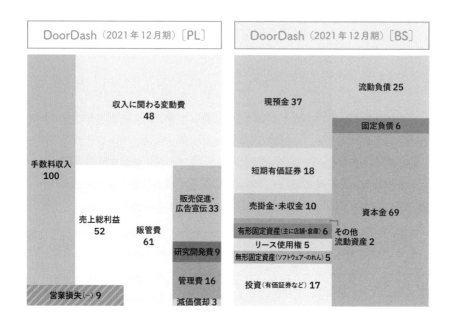

DoorDash（2021年12月期）［PL］

手数料収入 100	収入に関わる変動費 48
	売上総利益 52 / 販管費 61
	販売促進・広告宣伝 33
	研究開発費 9
	管理費 16
営業損失(−) 9	減価償却 3

DoorDash（2021年12月期）［BS］

現預金 37	流動負債 25
	固定負債 6
短期有価証券 18	
売掛金・未収金 10	資本金 69
有形固定資産(主に店舗・倉庫) 6	その他流動資産 2
リース使用権 5	
無形固定資産(ソフトウェア・のれん) 5	
投資(有価証券など) 17	

従来の宅配サービスとの損益構造の違い

　ここで、従来の宅配ビジネスとの損益構造、ビジネスモデルの違いを明らかにするために、クロネコヤマトの宅急便でおなじみのヤマトホールディングスの損益モデルとDoorDashの損益モデルを比較してみましょう。

　次ページの図はヤマトホールディングスのPLとBSです。

　まず、事業を運営するエンジンとしてのBSの資産では、有形固定資産を大きく保有しています。これは荷物を保管したり、仕分けしたりするための倉庫や運搬に必要な車両運搬具や仕分けをするための設備などが大きく占め、配送サービスを提供するための設備投資にお金がかかっていることがわかります。負債には借入がほとんどなく、無借金経営です。

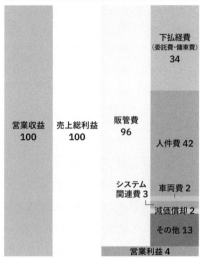

　次にPLですが、こちらは同社が公表している決算書上の売上原価（変動費を含む）を決算説明会資料の内訳に基づき、筆者が実際の販売管理費に再集計して表したものです。同社の売上高である営業収益は、法人、個人の顧客から依頼された配送料収入が中心です。自社、外注を組み合わせ、顧客に配送サービスを提供しています。収入に対して、販売管理費は配送の都度かかる経費＝変動費が80％を占めます。そして変動費のうち半分が人に関わる費用で、車両に関わる費用と合わせると3分の2になります。物を運ぶには人件費と車両費がかかるのです。

　物流のための拠点や設備などのインフラを保有する。自前とアウトソーシングを組み合わせ、輸送の都度かかる人件費、車両費、燃料費などの変動経費に対して、いかに顧客からもらう配送料を高め、効率的に運ぶかを追求し、収入から変動費を差し引いた限界利益を改善する。同時に物量を増やすことで、固定費を上回る差益をどれだけ稼げるかに取り組むビジネスです。

これに対して同じ宅配サービスでもDoorDashのようなテクノロジー企業は、自ら倉庫や運搬車両のような設備を持たず、ドライバーを抱えず、商品を提供する店舗とデリバリーを求める消費者の双方から徴収する手数料を原資にして、需要に応じて対応可能なドライバーをオンデマンドでマッチングさせ手配していくという、全く違うビジネス構造であることが決算書に表れています。

DoorDashのような即時配送サービスの ビジネスモデルは日本で成り立つか？

このようなテクノロジーによるオンデマンドの配送支援サービスが日本でも発展するかどうかを考えるにあたり、フードデリバリーサービスで日本最大手の出前館のビジネス構造を見てみましょう。

同社（旧社名：夢の街創造委員会株式会社）の創業は1999年。翌2000年に「出前館」のサービスをスタートし、2010年には大証ヘラクレスに上場しています（2022年に東証スタンダード市場へ移行）。コロナ禍の外出自粛下でフードデリバリーの需要が急増し、Uber Eatsとともに同社がフードデリバリー市場の拡大を牽引したのは読者のみなさんも記憶に新しいかと思います。当時、競合も増えましたが、その後撤退が相次ぎ、現在では出前館とUberEatsおよび従来からある宅配ピザチェーンなど、自前で宅配機能を持つフードチェーンの寡占状態となっています。

出前館の決算書を見ると、2019年8月期以降の赤字拡大が続いています。2018年8月期以前は利益を出していましたが、市場規模拡大を見越して、規模とシェア拡大のための投資が先行しているためです。

同社（出前館単体）の2022年8月期の売上高は4年前の2018年と比べて11倍に増えました。その一方で、468億円の売上高（手数料収入）に対して、365億円もの経常赤字を計上しています。

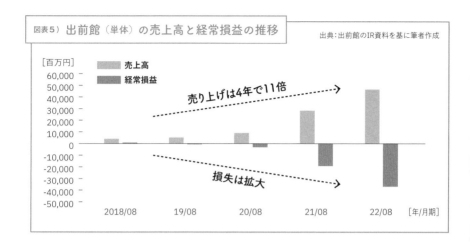

図表5) **出前館（単体）の売上高と経常損益の推移**

出典：出前館のIR資料を基に筆者作成

同社のPLを見ると、シェア拡大のための広告宣伝費が大きいことも赤字の理由の1つですが、それ以上に気になるのは、売上原価が売上高を上回っている売上総損失の状態であることです。

つまり、出前館が飲食店とユーザーから得られる手数料収入の合計を上回る金額が、1回あたりの配送コストにかかってしまっているということです。売上原価の内訳は93％が配達報酬にあたる外注費で、その他に代理店報酬、システム利用料などが含まれています。

出前館（2021年12月期）［PL］

※売上総損失(−) 5

**出前館は手数料収入よりも多くの
変動費をかけている**

同社の決算書によれば、事業拡大のため多額の広告宣伝費を投入し、オーダー

急増への対応で業務委託配達員を確保するため、競合が払う報酬を大きく上回る高額の配達報酬を支払っていることが要因とのことです。

　同社では今後、デリバリー1件あたりの損益、つまり**ユニットエコノミクス**管理を徹底し、2025年8月期には黒字化を目指すとしています。

≫　ＤｏｏｒＤａｓｈ　ｖｓ．　出前館

　先行投資が原因とはいえ、黒字化が見えているDoorDashと巨額の赤字が続く出前館の違いはどこにあるのでしょうか？

　まず、アメリカでは飲食店を利用する際、チップを払う文化があります。既述の通り、DoorDashでは通常、ユーザーからもらえるチップがドライバー報酬のベースとなり、そこにDoorDashが顧客から徴収する配達手数料の中からプラスαを上乗せしたものが、1配送あたり7.9ドルの配達報酬となります。一方、店舗側から徴収する15％相当の手数料と、顧客から徴収する配達手数料からドライバーに払った報酬を差し引いた残りがDoorDashの粗利となり、成り立っているのです。1つは、このアメリカと日本のチップの文化の違いがあるかもしれません。

　また、DoorDashではユーザーから配達の都度得られる手数料以外に、DashPassというサブスクリプションサービスがあり、月額9.9ドルのサブスク料金を500万人ものユーザーが払っています（2021年12月時点）。単純計算して年換算にすると772億円（1ドル＝130円換算）もの収入となります。この金額はDoorDashの年間収入の10％以上に相当します。この前払いで得られるフィーも、DoorDashがサービスを運営する助けになっていると言えます。

単なる配車にとどまらない
DoorDashの付加価値とは

DoorDashは、単にオンデマンドのデリバリーマッチングというサービスにとどまらず、テイクアウトの予約に対応したり、顧客がいつか行ってみたいと思わせるローカルのユニークな店舗を知るきっかけとなるポータルサイトになったり、また、飲食だけでなく、日配品や身の回り品もデリバリーの対象に広げることで、同社のミッションにもあるように、テクノロジーを使って地域社会を活性化させるコミュニティーづくりにも一役買っています。

サブスク利用者が前払いしてくれたフィーの元が取れるように、DoorDashが利用できる店舗の選択肢を増やせば、情報価値がますます高まってさらに利用者が増え、必要性にあわせて利用の幅を広げていく好循環につながることでしょう。

ラストマイルと送料負担問題、
今後の持続可能な取り組みとは

ラストマイル配達にかかる送料や配達料を、誰がどのように負担するかが、このサービスが今後普及するかどうか、つまり持続可能かどうかのカギになりそうです。ここで、物流と配送料について筆者の見解を述べておきたいと思います。

従来、物流は企業間（BtoB）取引でいかに効率を高め、ローコストで運ぶかを考えてこられたものでした。一度にまとめて運ぶ、ケース単位で運ぶ、定期ルート便に乗せる、積送効率を高めるなどの企業努力で、単位あたりの配送料コストの削減努力をしてきたのです。

一方、個人宅への宅配（BtoC取引）は、注文の頻度や量が読みづらく、商品のピッキング、梱包、配送場所、時間指定など、ほとんどの工程が個別対応なので、企業間の効率とは真逆で、非効率で、荷造コストや送料が割高になるのは必然です。

　そのため、オンデマンドかつ個別宅配が前提であるECビジネスにおいて、荷造運賃など物流費が販売管理費の2大コストの1つとして損益を大きく左右することは本書でもこれまで述べてきた通りです。

　ECの2大コストの1つである物流費の、その大部分を占める配送料は、通常であれば、顧客が時間と労力と交通費をかけ、わざわざ店舗に足を運び、購入して持ち帰るという行動を代行しているものです。

　それゆえ、商品代とは別に顧客から追加費用として相応の配送料を徴収できるのであれば、企業は損益的には問題ありません。

　これに対して、多くの競合企業がそうしているからと、送料無料サービスの販促提案をする例をよく見かけます。オンライン通販を日常的に利用するようになった私たちにとって、送料負担は購入判断をする際の大きな関心事の1つであることは確かです。送料がかからなければ、トータルコストが下がるため、購入のハードルも下がります。

　しかし、取り扱い商品の単価や利益率にかかわらず、採算度外視で送料無料オファーを乱発して、売り手である企業が負担することは損益的に無理があり、それが恒常的になると、売り上げは増えても利益がとりづらい薄利多売状態に陥りがちです。だからといって配送を請け負う企業にその負担を強いるのはもってのほかです。

　一方顧客側も、単価が安い商品の購入にあたり、宅配送料を負担することに躊躇があります。例えば、ユニクロに次ぐ国内売上2位のチェーンであるファッションセンターしまむらでは、平均客単価が2691円（2022年2月期の全社平均）

と安価なのに対して、オンライン注文では宅配送料が550円（税込み、サイズによって配送料は変わる）かかるため、EC売上の比率は同社の全売上に対して1%にも達していません。しかも、そのオンライン注文の顧客の9割が、送料がかからない、近隣店舗での受け取りを選択して、顧客が自ら店舗まで商品を受け取りに行っているのです。オンライン注文の店舗受取りはBOPIS（Buy Online Pick-up In Store）と呼びます。

≫ 宅配でも損益が成り立つしくみ

ちなみに、今回取り上げたフードデリバリーで言えば、そもそも宅配が前提で送料を含んだ価格設定で購入されるピザの宅配や宅配弁当、ミールキットなどは、顧客が送料を負担する価格設定になっており、顧客もそれを納得ずくでオーダーしているため問題ありません。

しかし、店舗での販売や提供を前提として損益を考えてきた企業が、送料全額自社負担で宅配に取り組むのは無理があるため、価格設定や損益構造を見直す必要があるでしょう。

今のところ、損益が成り立っているのは、

（1）送料は顧客に負担してもらう（前述の送料込みの価格設定含む）

（2）顧客と売り手が送料負担を分け合う

DoorDashのマーケットプレイスや、配送料の半額相当の250円を一律顧客負担とするZOZOの事例

（3）定額課金制（年会費や月額サブスク）**で前受金を宅配送料の一部に充当する**

DoorDashのDoorPassやアマゾンプライムの事例

あるいは、

（4）売り手が送料を全額負担しても損益に影響がないほど粗利が高い商品

（5）オンラインで注文しても顧客が店舗に受け取りに来る店舗受け取り型
（既述のBOPISやテイクアウト）での提供

あたりでしょうか。

　これからのラストマイル問題に折り合いをつけるには、消費者と企業がどう歩み寄るかが持続可能なビジネスへのカギとなりそうです。

Chapter 09 まとめ

即配ゲームチェンジャーがラストマイル配送を
マッチングアプリでコーディネートする。
単なるデリバリーや物販配達にとどまらず、
アプリで地域経済を活性化する
ビジネスマッチングがビジョン。

ECの普及とともに近年高まる、オンデマンド即時配送の需要に、従来の企業間BtoB物流の発想ではなく、地域の個人事業主をリアルタイムにマッチングさせるサービスを提供。フードデリバリーにとどまらず、さまざまなオンデマンド配送需要に対応するよう、ドラッグストア、スーパー、コスメチェーンなど地域の店舗の選択肢を拡大中。

ゲームチェンジャーからの学び ·······························

- ラストマイル配送において、店舗と消費者と配達人（ギグワーカー）の3者をつなぐテクノロジー発想。
- ユーザー前払い型のサブスクフィーが運営の原資の1つ。
- デリバリーだけにとどまらない、地域のビジネスマッチングという未来のコミュニティーづくりのビジョン。

損益は最小単位で考える

　企業が公開する財務諸表は事業全体を表すものですが、採算や事業計画、さらに業務改善を考える時は、事業の全体像（グロス）だけではなく、経営の最小単位（ユニット）あたりにして考えることが原則です。

　最小単位とは、チェーンストアであれば1店舗あたりや面積あたりの売上高、従業員であれば1人あたりの売上高などを指します。上場企業であれば、有価証券報告書やデータブックの中に「単位あたりの販売実績」などのタイトルで表記されていることが多いです。同時に平均稼働売場面積や平均稼働人員（従業員換算）が掲載されていますので、1人あたりの売場面積、つまり販売員がどれだけの売場面積を守備範囲にしているのかもわかります。

　これらを時系列に並べることで、事業の課題も見えてきます。

　店舗を中心に運営する企業であれば、データを基に1店舗あたりの損益モデル（PL）をつくって、出店計画書の参考にしたり、他社比較をして改善の糸口にしたりします。これらは経営企画担当の大事な仕事の1つです。

　一方、ECの販路が増えてくると、顧客1人あたりや出荷1件あたり、などが最小単位になるでしょう。

　ECの2大コストは広告宣伝費と物流費。したがって、ECの場合は、顧客が購入に至るまで、またリピート購入を促すためにかける広告宣伝費、いわゆる顧客獲得コストが1人あたりの顧客の年間収益に見合っているかを見る必要があります。また、物流費が大きなウエイトを占める出荷1件あたりの採算がしっかり取れているかを「最小単位」として把握した上で改善することが必要になります。

　損益の指標となる最小単位を健全に保ちながら、グロースしていくことは、販路が変わっても変わらない経営の基本の1つです。

ZARA

（インディテックス）他

サーキュラーエコノミー
（循環型経済）と原料調達の未来

#サーキュラーエコノミー　#製品寿命　#古着回収

#リユース　#リサイクル　#アップサイクル

#リメイク　#リペア　#リサイクル素材　#再生繊維素材

#素材再生技術　#廃棄しない世界

CIRCULAR
ECONOMY

Chapter

10

GAME CHANGER **ZARA**（インディテックス）他

THEME サーキュラーエコノミー（循環型経済）と原料調達の未来

これまでの常識

企業は新しい原料を調達して新しい製品をつくる。
消費者は不要になったら
中古品として手放すか廃棄する

サプライチェーン

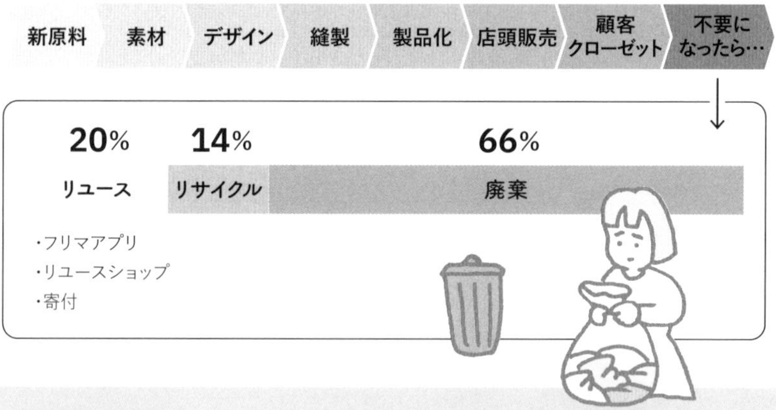

新原料
素材
デザイン
縫製
製品化
店頭販売
顧客
クローゼット
不要に
なったら…
20%
リユース
14%
リサイクル
66%
廃棄
・フリマアプリ
・リユースショップ
・寄付

- ✔ 新しい素材をつくるために限られた資源を大量に使う
- ✔ 素材をつくるためには環境負担がかかる
- ✔ 大量廃棄はさらなる環境負担の拡大に

チェンジ

本章の概要

原料調達とものづくりの常識が変わり、サーキュラーエコノミーチェーンをつくった企業が未来のものづくりの主導権を握る。

ゲームチェンジャーの新常識

**企業は消費者が不要になった服を回収し、
リユース、リメイクをして再販。
リサイクル素材の原材料としても活用する**

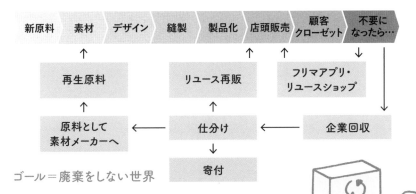

サーキュラーエコノミー下のサプライチェーン

新原料　素材　デザイン　縫製　製品化　店頭販売　顧客クローゼット　不要になったら…

再生原料　リユース再販　フリマアプリ・リユースショップ

原料として素材メーカーへ　←　仕分け　←　企業回収

寄付

ゴール＝廃棄をしない世界

✔ 不用品は廃棄物ではなく、新しい原料と考える

✔ 消費者から回収して活かし方を考える

✔ 再生原料のサプライヤーとなれば素材調達が優位に

ザ・ゲーム　CHANGE THE GAME

これまでの常識

- 企業は新しい原料を調達し、新しい製品をつくって販売する。
- 生活者は不要になったら、中古品として手放すか廃棄し、また新しい商品を購入する。

パラダイムシフト

- 地球温暖化の進行による気候変動と将来環境への不安。
- 企業はできるだけ環境にインパクトを与えないものづくりの推進が求められ、生活者は購入したものをメンテナンスしながら長く利用し、不要になっても安易に捨てず、再利用の循環を考える時代へ。

未来のゲームチェンジャーのチャレンジ

- 将来のサーキュラーエコノミーを見据えて、企業は消費者が不要になった服を回収し、リユース、リメイクをして再販したり、リサイクルのための原材料として活用したりすることを考える。
- リサイクルされた再生繊維を使って、新しいファッション商品をつくる時代へ。
- 不用品を自ら回収して、リサイクル素材の原料として素材メーカーに供給する。そんな循環をつくることで競合他社よりも安価なコストで安定的に再生素材が調達できれば、今までと変わらない、持続可能なものづくりと販売が継続できる。

| 注目すべき理由 | 世界的な原料の高騰と環境配慮の必要性 |

資源は有限であり、今後原料コストが上がることはあっても下がる要素はない。不用品は比較的安価で手に入る新しい原料の1つ。限りある資源をできるだけ使わず、不用品のリサイクルの輪に対して主導権を持つことが、未来のものづくりのリーダーシップを取ることにつながる。

その先にある未来
サーキュラーエコノミーに
おけるゲームチェンジャーの
流通革新

本書ではここまで流通業界で現在進行中のゲームチェンジャーによる流通革新を取り上げてきました。

最終章となる本章では、これから未来の流通がどう変わっていくのかを見据え、将来起こり得るゲームチェンジャーによる流通革新について考えてみたいと思います。

流通革新とその功罪

　過去から現在に至るまで、企業による流通の合理化や革新のおかげで、生活者はそれまで手に入れにくかった商品や手が届きづらかった商品を、手軽に、かつ安価で手に入れることができるようになりました。時代のリーディングカンパニーの革新によって塗り替えられた市場の常識を流通革新と呼びます。消費者のお困りごとに着目し、かゆいところに手が届く革新＝イノベーションは、デジタルやバイオなどのテクノロジーの分野だけでなく流通業界の世界においても起こるのです。

　しかし、そんな競争の背景において、企業は規模の経済性を追求するために、大量の資源を使って大量生産を行いました。またテクノロジーを活用してより便利に提供することで、消費者の大量消費を促し、商品の陳腐化を加速させてきたのも事実です。

　その結果、消費者は自宅のクローゼットから溢れる、着なくなった服、使わなくなった不用品の扱いに悩むようになったのです。これまで流通革新は生活者の豊かさのために行われてきましたが、いよいよその功罪あいまって、地球環境や社会システムにインパクトやデメリットすらもたらしてしまうかもしれない転換期に入ったと言えます。

　そんなステージに入ると、次の流通革新は、商品をつくって売ることだけではなく、消費者が購入した後の不要になった商品の循環までを視野に入れなければならなくなります。

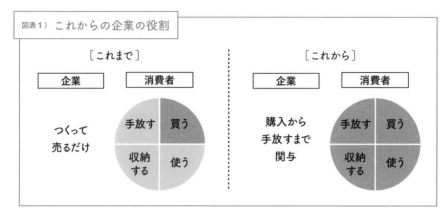

図表1）これからの企業の役割

［これまで］

企業 ── つくって売るだけ

消費者
- 手放す
- 買う
- 収納する
- 使う

［これから］

企業 ── 購入から手放すまで関与

消費者
- 手放す
- 買う
- 収納する
- 使う

本書のチャプター8では、その兆候に呼応するかのように、消費者の不用品を循環するために、オンラインで個人間取引の促進を手伝い、流通総額を伸ばし続けるフリマアプリ、**メルカリ**の事例を取り上げました。

最終章となるチャプター10では、未来の**サーキュラーエコノミー**における流通企業の革新について考えます。

先行事例の1つとして、これまでファッション流通革新の先端を走ってきた**ZARA**を展開する**インディテックス**が、社会的責任と未来を先取りして進めているサーキュラーエコノミーへの取り組みがあります。

企業が消費者のクローゼットの中の服の循環に関与していく取り組み、そして、その先にある未来のファッション流通市場はいったいどんなカタチになるか？ 同社の取り組みを通じて、未来のマーケットのビジョンと革新者が果たす役割について考察します。

日本人のクローゼットの中のワードローブの現実

インディテックスの取り組みの前に、日本の消費者のファッション消費に関

Chap.
10

ZARA（インディテックス）他

サーキュラーエコノミー（循環型経済）と原料調達の未来　　**239**

する興味深い統計があるのでご紹介します。

　環境省が2020年度に行った衣服と環境負荷に関する調査によれば、日本の平均的な消費者は、1人あたり年間18枚の服を買い、12枚の服を手放し、25枚の過去1年間全く着ていない服をクローゼットの中に保有しているそうです。

図表2）1人あたりの衣服消費・利用状況（年間平均）　　出典：環境省「サステナブルファッション」

購入枚数	手放す服	着用されない服
約18枚	約12枚	25枚

手放す枚数よりも購入枚数の方が多く、
1年間1回も着られていない服が1人あたり25着もある。

POINT ファッションの短サイクル化や低価格化が
より多くの服を生み出し、消費されることにつながっている。

　そして、消費者が手放す1人あたり12枚の服の行き先はといえば、古着として再販されたり、服を必要とする人に寄付されたりするものもありますが、全体の実に3分の2はゴミとして廃棄されているそうです。

　同調査によれば、2020年度に78.7万トンの不要となった衣服が家庭や事業所から手放されました。うち95.4％にあたる75.1万トンが家庭から、残り4.6％の3.6万トンが企業や事業所から手放されています。
　圧倒的に多い、家庭から手放された衣料の行き先の内訳は、

- **66％**（49.6万トン）**が可燃ゴミ、不燃ゴミとして「廃棄」**
- **20％**（15.0万トン）**がリユースショップやフリマアプリで再販、**
  または海外に輸出されて古着として「リユース」
- **14％**（10.4万トン）**が資源として服の原形をとどめない、**
  別の用途で再利用される「リサイクル」

でした。

　重さ（トン）を聞いても相当量であることはわかりますが、ピンときませんので、服1着あたり平均480グラム相当として計算し、数量（点数）化してみましょう。

　すると、家庭から手放された点数は年間約15億点となります。人口1人あたりでは12点となり、前述の調査数量とほぼ合致します。

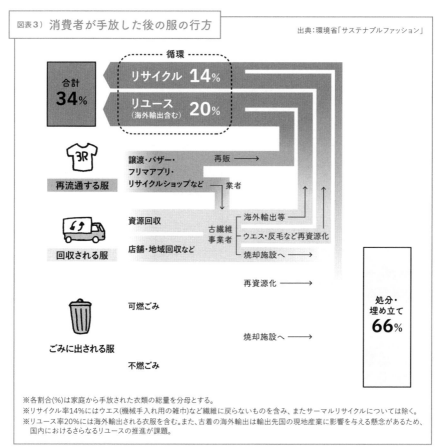

図表3）**消費者が手放した後の服の行方**

出典：環境省「サステナブルファッション」

※各割合（%）は家庭から手放された衣類の総量を分母とする。
※リサイクル率14%にはウエス（機械手入れ用の雑巾）など繊維に戻らないものを含み、またサーマルリサイクルについては除く。
※リユース率20%には海外輸出される衣服を含む。また、古着の海外輸出は輸出先国の現地産業に影響を与える懸念があるため、国内におけるさらなるリユースの推進が課題。

　そして、行き先の内訳を点数で表すと、約10億点が廃棄され、約3億点がリユース、約2億点がリサイクルに回されたことになります。実に、1年間に10億点の服が焼却処分または埋め立てられていることになります。

筆者推計

廃棄	リユース	リサイクル
約10億点	約3億点	約2億点

その兆候に早くから気が付いたメルカリが2013年にフリマアプリをリリースし、年々利用者数が増えています。また、ファッション分野のリサイクルショップ業界大手、ゲオの「2nd STREET」は、その市場性に着目して2012年3月期から2022年3月期の10年間に国内店舗数を323店舗から764店舗と2倍以上に増やしています。

不要になったものは捨てるのではなく、まだ使えるのなら第2の所有者に渡すことで商品の寿命を長くする循環づくりの試みが進行中です。

「つくる責任、つかう責任」とサーキュラーエコノミー

2015年に国連でSDGsが採択され、持続可能な社会づくり、サステナビリティという言葉を毎日のようにメディアなどで耳にするようになりました。

流通企業は多岐に渡る漠然としたゴールに一体どんなところから取り組んだらよいのか？ その答えの1つに、SDGsの17の目標の1つ「つくる責任、つかう責任」があります。

このテーマに対し、アパレル企業が環境にインパクトの少ない素材を使う一環として、オーガニック素材やリサイクル素材を使ったり、着なくなった服を

店頭で回収したりする企業が増えているのにお気付きでしょう。

　SDGsが採択された2015年に、それに呼応してオランダ政府が発信したコンセプトがサーキュラーエコノミーです。
　このサーキュラーエコノミーのコンセプトが流通企業と消費者にとって、サステナビリティ、持続可能性を考える上でわかりやすいので解説していきます。

サーキュラーエコノミーとは

　図表5はオランダ政府の資料「A Circular Economy in the Netherlands by 2050」を参考にして、従来の生産〜消費と未来の理想の状態の違いを表したものです。

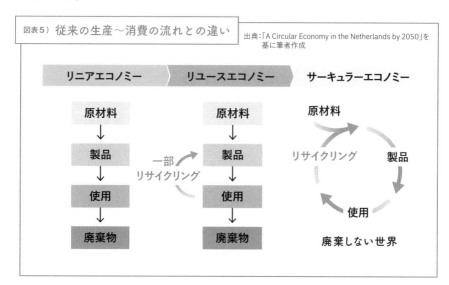

図表5）従来の生産〜消費の流れとの違い　出典：「A Circular Economy in the Netherlands by 2050」を基に筆者作成

　従来は、企業が新しい資源を使ってつくったものを販売し、消費者は使わなくなったら廃棄する、一方通行型の**リニアエコノミー**でした（図左）。これに対して現在は、使用後に回収して、再生できるものは一部リサイクル素材として

新製品の原料とする**リユースエコノミー**に徐々に移行しています（図中）。そして未来は、使用後に廃棄をしない、廃棄をしなければならない素材は使わない、リサイクル可能な素材だけを使った廃棄ゼロのものづくりを前提とし、本当に必要最小限な分だけに新しい資源の利用をとどめる経済に向かって進んでいきます（図右）。これを**サーキュラーエコノミー**と呼び、オランダ政府の同レポートは、2050年までにそんな世界を実現することを世界各国に提唱しています。

　現在、チェーンストアを中心に多くのアパレルチェーンが着なくなった服の店頭回収を行っています。しかし、回収後にその古着をどうしているかを明確に伝えている企業はまだ少ないようです。実は回収した古着の多くは、回収専門業者や寄付を行う慈善団体に引き取ってもらい、その後の処理、運用を任せているのが現状です。

ZARAが取り組むサーキュラーエコノミー

　これまで、大量生産・大量販売しながら、流通革新をリードしてきた世界のアパレルチェーンはどうでしょう。このサーキュラーエコノミーに、2015年から取り組んできたのはZARAを展開するインディテックスです。

　同社は「CLOSING THE LOOP（サークル状にする、循環させる）」というスローガンの下、次のような活動に取り組んでいます。
　そのコンセプトは、

> ・**製品と素材に第2の人生を与える**
> ・**これまで廃棄していたものを原材料に換える**
> ・**廃棄を最小限にとどめる**

というものです。また、その前提として、

> ・そもそも耐久性のある丈夫な素材を選ぶ
> ・再生可能な素材を使う

　つまり、製品の寿命を長くしたり、素材を再利用したりして、新しい製品をつくることとしています。

　回収した古着の取り扱いは国や地域によってルールが違ったり、移動規制があったりするので一様には考えられません。しかし、アパレル流通で世界トップのインディテックスが、本国のスペイン国内でどんなことを進めているのかを知ることが、未知の世界であるサーキュラーエコノミーを考える上で参考になるので解説します。

≫ まずは社員教育から

　2015年にプロジェクトがスタートすると、インディテックスはまず、700人を超える全ブランドのデザイナーと、本社、主要国のヘッドクオーターで働く計1万人の社員にサーキュラーエコノミーのための教育プログラムを実施し、2019年までに完遂させました。

　教育を受けたデザイナーたちは、サーキュラーエコノミーの発想に基づいて、環境へのインパクトが少ない製造方法を採った素材や長持ちする耐久性のある素材など、方針に沿った素材選定を始めています。商品をつくる際に彼らが重要視しているのは、やはり素材選びです。耐久性のある素材かリサイクル可能な素材を選ぶと明言しています。まず商品をつくる人たちにその重要性を理解させることから出発しているところがポイントです。

　具体的には、いわゆるサステナブル素材に移行しています。セルロースおよびビスコース（レーヨン）系から入って、2025年までに綿、ポリエステル、麻はすべてサステナブル素材にすると掲げています。グループ内には工場に素材

調達させるブランドもありますが、インディテックスは基本的に素材選びおよび調達の多くを自分たちで行っているため、比較的移行しやすいでしょう。

≫ 不用品の回収と仕分け

インディテックスは、以下のような方法で不用品を回収しています。

- **店頭**：グループ傘下の全店の店頭に不要になったファッション商品の回収ボックスを設置。
- **街頭**：スペイン国内の街頭に2446個（2021年）の回収ボックスを設置。
- **自宅回収**：スペインおよびロンドン、パリ、ニューヨーク、上海で、オンライン注文品を宅配する際、事前申込してもらうことで宅配の戻り便を使って顧客が不要になったファッション商品を持ち帰る。
- **工場・倉庫**：スペイン国内にある素材の裁断工場で出た裁断くずや、縫製後の検品を行った際に発覚した修理不能な不良品も回収の対象。

また、仕分けに関しては、回収した古着はバルセロナ、バレンシア、ビルバオにあるインディテックスが資金を提供し、慈善団体カリタスが運営する仕分け工場に持ち込まれ、リユースとリサイクルに分けられます。

- **リユース**：古着としてそのまま再販売が可能なものは、カリタスが運営するリユースショップ ModaRe（スペイン国内に24か所）でチャリティー販売するか、服を必要とする人々に寄付する。
- **リサイクル**：衣料用素材にリサイクルできるもの、その他の産業の素材原料としてリサイクルできるものに分け、前者は素材メーカーに再生繊維の原料として供給する。

図表6）インディテックスの不用品の回収からリユース、リサイクルへの流れ

回収	仕分け	用途ごとに分類

■ 全店店頭

■ EC宅配戻り便

■ 街頭コンテナ

■ 自社工場で出た
　裁断くずや不良品

**スペイン3カ所の
仕分け工場**

□ バルセロナ

□ バレンシア

□ ビルバオ

＊いずれも
　インディテックスが
　投資し
　カリタスが運営

■ **リユース**
・ModaRe古着店にてチャリティー販売
・服を必要とする人へ寄付

■ **リサイクル（繊維用）**
・素材サプライヤーへ供給（再生素材購入契約とともに）
　＊現状、綿が中心
　レンチング（2016年〜）
　インフィニテッド・ファイバー（2022年〜）

■ **リサイクル（その他産業用）**
・その他資材・燃料などへリサイクル

※自社販売商品に限らず、ファッション商品であれば、
　アパレルからアクセサリーまで何でも回収対象。

≫ 再生素材の開発に向けて

　プログラムが始まった翌年の2016年には、テンセルなどの素材で知られるオーストラリアの大手素材メーカー、レンチングに、綿とパルプを混紡した再生素材をつくるための綿原料の供給をスタートしました。その工程でつくられた再生素材（リヨセル）はその後、インディテックスグループの商品に使われています。

　また、2022年にフィンランドの再生素材のスタートアップ企業、インフィニテッド・ファイバーと契約し、インディテックスがリサイクル用の綿原料を供給することになりました。2024年から供給が始まるインフィニテッド・ファイバーのセルロース素材の生産量の30％をインディテックスが3年間買い上げる契約で、それらは同社の新商品の製造に使われます。

　インディテックスが取り組むサーキュラーエコノミーにおいて、すべての商品を再生繊維素材にリサイクルするためには、まだまだ現在の技術では足りず、今後、素材分解や再生の新技術が必要です。そのため、同社は2016年にMIT（マサチューセッツ工科大学）の協力を得て、繊維のリサイクル技術を研究する大学、

研究機関、スタートアップ企業に投資をするファンドを立ち上げ、毎年そのファンドに資金を拠出しています。

　インディテックスでは、環境に優しいオーガニック素材やリサイクル素材を使った商品には「Join Life」のタグをつけていますが、2022年の段階で同社が販売する商品の50％以上にこのタグがついているそうです。

　同社は今後も着なくなった服の回収、寄付、再生素材向けの原料供給、リサイクル素材の利用を進めていくことでしょう。それらの量は、同社が毎年発行しているアニュアルレポート内で報告されています。

　インディテックスがサーキュラーエコノミーを目指す「CLOSING THE LOOP」プログラム。2022年からは次のステージに向けて、同社のサーキュラーエコノミーの取り組みを店舗スタッフと顧客に理解してもらえるように、認知度向上と啓蒙活動に力を入れているとのことです。

サーキュラーエコノミーに取り組むZARAのアドバンテージ

　ZARAを展開するインディテックスは、シーズン中の顧客の需要にあわせてトレンド商品をつくり足し、いち早く店舗に届けるスピードを高めるために、有形固定資産、つまり製造工程や物流施設の内製化に投資をする、自前主義であることをチャプター1でご紹介しました。
　輸送に関してもアウトソーシングではなく、スピードとコストメリットの観点から、自前あるいは自社管理によるチャーター便を活用するなど、自ら物流費をコントロールできているためサーキュラーエコノミーを実践する上でもアドバンテージがあります。

　同社が物流や輸送で大切にしているのはDensity（積載率）とRoundtrip（往復

利用）という2つのコンセプトです。これは、せっかく輸送便を動かすからには、積送効率を高めること、そして、届ける際の往路だけでなく、戻り便の復路も無駄なく活用するという姿勢です。これはコスト観点、環境観点の双方から重要なことです。

例えば、同社が週に2回、世界の各店向けに商品を届けている空輸便があります。スペインの倉庫から店舗への往路便の中身は、これから店頭に並べて販売する商品が中心です。一方、帰り便は再利用するダンボール、ハンガー、セキュリティタグ（RFIDタグを含む）を各店舗から回収し、さらに生産地を経由して、工場でできあがった製品をスペインの倉庫に持ち帰るのが役目です。

空輸はとかく、他の運送手段と比べてCO_2排出の観点でエコではないと見られがちですが、同社では利用頻度を限定して積載効率を高め、戻り便も利用するからにはスペースを無駄にしないという発想で必要最低限動かしています。

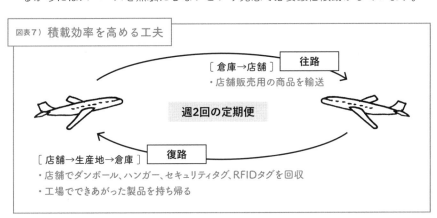

図表7）積載効率を高める工夫

［倉庫→店舗］
・店舗販売用の商品を輸送
往路

週2回の定期便

［店舗→生産地→倉庫］
復路
・店舗でダンボール、ハンガー、セキュリティタグ、RFIDタグを回収
・工場でできあがった製品を持ち帰る

顧客が不要になったファッション商品を回収するにあたっても、店舗に商品を届けたトラックの戻り便で、店頭や街頭コンテナの不用品を回収して仕分け倉庫に向かいます。また、まだスペインや世界の一部の大都市限定で行われていることではありますが、オンラインで購入された商品を顧客宅に届ける際、帰り便はできるだけ手ぶらや空便で帰らないように、顧客が不要になった商品を顧客宅から回収して、倉庫に持ち帰るようにしています。これらも同社が大

切にしているRoundtripのコンセプトからくる発想に他なりません。

　また、商品全体の過半を占める近隣国（スペイン、ポルトガル、モロッコ、トルコ）での生産にあたり、同社はスペインの自社工場で素材を裁断し、いつでも縫えるパーツの状態にして外注縫製工場に組み立て（縫製）だけを委託します。縫い上がった製品は回収して自社倉庫で検品していますが（チャプター1参照）、前述の通り、この間に自社で裁断する際に出る生地の裁断くずや、自社倉庫で検品中に発覚した修理できない不良製品なども、再生繊維にリサイクルするための回収の対象にしています。

　このように、回収、再利用するリバース物流がもともと当たり前だった同社にとって、サーキュラーエコノミーは実に相性がよく、取り組みやすいのです。

日本のアパレルのサーキュラーエコノミー事例

　日本でのサーキュラーエコノミーの取り組み事例を見てみましょう。

　ファーストリテイリングのユニクロは、RE.UNIQLOのプロジェクトの下、自ら販売した商品を店頭回収し、国連難民高等弁務官事務所（UNHCR）らと組んで、世界で服を必要としている人たちに届ける寄付を行ったり、リユースできない服は固形燃料や防音材としてリサイクル（ダウンサイクル）したりしています。2020年には、素材のメインサプライヤーである東レに委託して、着なくなって回収されたダウンジャケットからフェザーとダウンを取り出し、それを使ったリサイクルダウンジャケットの製造販売をスタートしました。

　アパレル大手のオンワード樫山は、業界の中でもかなり早い2009年からオンワード・グリーン・キャンペーンというサーキュラーエコノミープロジェクトを行っています。2022年までの14年間で、累計131万5279人の方から686万8857点の商品を回収したそうです（同社ウェブサイトより）。

　自らの倉庫で仕分け選別をし、そのまま販売可能なものは同社が運営するリユースショップ「オンワード・リユースパーク」や、オンラインサイトの「オンワード・クローゼット」で再販しています。繊維に再生できるものは軍手や毛布に再加工して被災地に届けるために備蓄を行い、リユースも繊維リサイクルもできないものは、固形燃料にリサイクルしています。

サーキュラーエコノミー下の未来のものづくり

　サーキュラーエコノミーは、四半世紀先である2050年までに世界で実現しようというビジョンです。その時、消費者のファッション消費は一体どうなっていて、商品を提供する企業にはどんな変化が起こっているでしょうか？　筆者なりに想像してみました。

≫　消費者の変化

　消費者は、長年着用できる丈夫な素材でつくられた服をメンテナンス、リペア（修理）しながら大事に愛用している。それらに毎シーズン、リサイクル素材でつくられた新しいトレンドファッションを買い足し、新旧アイテムを上手に組み合わせてファッションを楽しんでいる。着なくなった服は、フリマアプリ、リユースショップ、店頭回収、街頭回収などのインフラが整い、手軽に手放すことができるようになったので、廃棄物として捨てる服は極めて少なくなった。

≫　企業の変化

　ファッション企業は寿命の長い耐久性のある素材を選ぶようになり、また、トレンド商品など比較的着用期間が短い商品は、リサイクル素材を使って新商品をつくり販売するようになる。原材料となる不用品を回収し、仕分けしてリ

サイクル素材用にメーカーに供給し、毎シーズン素材メーカーからリサイクル素材を調達して、新しいコレクションを企画生産している。

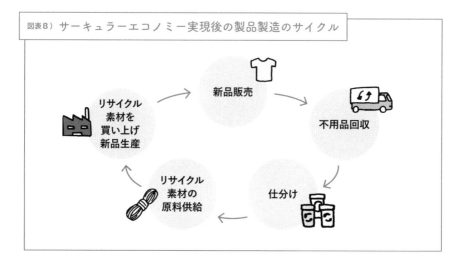

図表8) サーキュラーエコノミー実現後の製品製造のサイクル

新品販売

不用品回収

仕分け

リサイクル素材の原料供給

リサイクル素材を買い上げ新品生産

≫ 企業活動における制約の変化

有限な資源を保護するため、天然、合繊にかかわらずリサイクル素材以外の新しい原材料を使うには一定の使用制限枠が課せられたり、それを上回るようであれば、税金を払って素材を調達したりしなければならなくなる。

自ら回収して、仕分けして、原材料として素材メーカーに供給できるアパレル企業は、安定的に追加コストをかけずに素材が調達できる。一方、回収も素材の調達も第三者に委託して任せる企業は、回収した不用品の処理にコストがかかり、製品をつくるためのリサイクル素材の調達コストも割高で、高コスト生産をせざるを得なくなり、競争力を失っていく。自前主義の前者とアウトソーシング型の後者の間には、ますます損益の差がついている──。

さて、このような未来の状況は、果たして現実のものとなるでしょうか。それとも、筆者の妄想に終わるでしょうか?

インディテックスがサーキュラーエコノミーに向けて取り組む背中から、あなたはどんな未来を想像し、それに対してどんな革新が起こることを期待しますか？　ゲームはまだ始まったばかりです。

Chapter **10** まとめ   SUMMARY ○

ゲームチェンジャーはサーキュラーエコノミーに向かう
ロードマップにおいて、未来の原料調達を見据え、
不用品のリユース、リサイクルに積極的に関与する。

　サーキュラーエコノミーの世界（2050年）においては、新しい素材の調達に関する国際ルールが変わり、制約がかかる可能性がある。

　現在、アパレル業界では、不用品の店頭回収が始まっているが、回収後の扱いを第三者任せにしているのが現実である。将来、古着という再生素材の原料となる資源が価値を生む未来に備えて、自らの循環サイクルを設計しよう。

　　ゲームチェンジャーからの学び　・・・・・・・・・・・・・・・・・・・・・・・・・・・・・・・・・・・

- 不用品の回収後は業者任せにせず、自ら仕分け、リユース、原料として供給する体制の準備をする。

- 繊維再生技術への支援、投資を検討する。

- 回収衣料を活用して再生繊維の原料サプライヤーになれば、素材調達においてもアドバンテージが得られ、高い調達コストを負担せず安定的に素材調達ができる可能性がある。

アニュアルレポートから
学ぶ業界のビジョン

　アニュアルレポート（年次報告書）を読むようになったのは、海外の大手アパレルチェーンの日本上陸が増え、それらの企業に関心を持つようになってからでした。十数年来、欧米日の大手アパレルチェーンのアニュアルレポートを読み比べていて気付くのは、欧州企業はサステナビリティに、アメリカ企業は株主利益に、日本は事業内容と業績報告にページを割く傾向があることです。これはステークホルダーの捉え方の違いからかもしれません。

　小売業に関して言えば、アメリカや日本など大きな母国マーケットを持つ国の企業の多くは、まずは国内マーケットで事業を拡大することを優先しますので、発信先は比較的内向きで、株主を見ている感じがしています。一方、欧州企業の多くは、そもそも自国マーケットが小さいため、事業の拡大は国外市場開拓を意味しますので、比較的外向きで、グローバル思考になり、世界の新しい動きをいち早く取り入れる必要があるからではないかと見ています。

　2015年のSDGsの採択以来、日本企業もESG関連の取り組みに力を入れていますが、インディテックスやH&Mは、その前身であるMDGsを受けて2002年からサステナビリティレポートをリリースし続けている大先輩です。

　環境配慮の取り組みだけでなく、顧客のためにどんな流通の未来を描くのかについても触れているところに感心します。本章でも紹介したように、インディテックスはサーキュラーエコノミーに向けて、イギリスのNEXTはオンラインと店舗を行き来する消費者のために、自社だけではなく、業界の流通プラットフォーマーとしての役割に向けてインフラを整え続けています。

　「日本の流通革新は10年遅れで欧米に追随する」は、筆者が過去の歴史から感じていることです。世界のリーディングカンパニーのアニュアルレポートに目を通すことで、10年先の流通の未来図を垣間見られると感じています。

未来のゲームチェンジャーへ

　最後までお読みいただきありがとうございました。流通業界のさまざまな経営課題を独自の切り口で変革することで躍進を続ける「ゲームチェンジャー」のチャレンジの数々、いかがでしたでしょうか？

　読者の方々には、これまでの業界常識の中にこそ、イノベーションのヒントがあることに気付いていただけたのなら幸いです。

　取り上げさせていただいた企業のビジネスモデルを作り上げた創業者、経営者の方々には、心より敬服するとともに、これからも競合同業者の動向にとらわれず、ユーザーの方だけを見て、ユーザー最適の商品やサービスを提供し続けてくださることを楽しみにしています。

　また、各章で従来型の業界企業の代表として、対比のために取り上げさせていただいた企業さんについても、実は、筆者あるいは家族が時折利用させていただいている、リスペクトしている企業さんばかりです。
　厳しい市場環境に負けず、改善、革新を重ね、これからも良い商品、サービスをご提供くださることを期待し、エールを送らせていただきます。

　本書は、2019年4月から現在に至るまで、筆者が週刊「WWDJAPAN」（INFASパブリケーションズ発行）に連載を続けている「ファッション業界のミカタ」というコラムで取り上げたファッション流通企業のトピックから、特に気になる企業をピックアップし、より詳しく分析して、加筆することで、書籍化したものです（https://www.wwdjapan.com/topic_tag/gyoukai-no-mikata）。

連載記事に取り組むたびに、取り上げる企業の決算書を読み、数年分の数字をExcelに打ち込んでグラフ化する、地道な作業を繰り返してきましたが、毎回、グラフができ上がる時が楽しみです。

　驚くような成長軌道、高い利益率、びっくりするほどの安定性、苦境の後のV字回復……。グラフにした時、「ワォ！」と声を出して、驚く時も少なくありませんでした。

　そんな時、その結果を出し続ける経営者さんを「すっげー」と尊敬するとともに、その数字が綺麗に表れたグラフはまさに「アート・オブ・ビジネスモデル」と言いたくなるほど、美しさを感じることすらあります。

　筆者は仕事柄、ベンチマークしているファッション流通企業の店舗を定点観測しながら、売り場の向こうに感じ取れる、経営者さんの、目には見えない思いを胸に感じながら、無言の対話（つぶやき）をすることがライフワークの1つになっています。そして今、決算書からも経営者が描く将来のビジョンを読み取り、そこへと向かう、ストーリーの中間報告とも言える各期の決算書を読みながら、数字をグラフ化して、「さすが〜！」とつぶやく楽しみが増えました。読者のみなさんも本書をお読みになって、公開決算書からこんなことまでわかるのか、と気付いて、これから決算書や財務諸表を身近な情報源の1つに加えようと感じていただけたのなら嬉しい限りです。

　最後になりますが、本書は多くの方々に支えられて出版することができましたことに、この場を借りて御礼を申し上げたいと思います。

　まず、本書の元ネタになった「ファッション業界のミカタ」を企画し、2019年1月、筆者に連載依頼をいただき、今も毎月、オンラインミーティングを重ねてくださっているWWDJAPAN副編集長、小田島千春さんに御礼をさせていただきたいと思います。ありがとうございます。

　小田島さんからのご依頼と継続的なサポートがなければ、ここまで決算書を読み込む機会も、本書の企画そのものもなかったかもしれません。

次に、決算書を図解することの重要性や楽しみを教えてくださった方が2人いらっしゃいます。

　まず、損益計算書（PL）の図式化について、キャッシュフローコーチ養成塾を主催する和仁達也先生です。先生のツール「お金のブロックパズル」は、目から鱗でした。和仁先生の言葉からは、何度も励まされ、その手法はコンサル現場でも活用させていただいています。ありがとうございます。

　そして、その後も、ちょっと苦手だった貸借対照表（BS）やキャッシュフロー計算書（CFS）の図式化のヒントをくださったのは、シリーズ累計30万部超え『世界一楽しい決算書の読み方』シリーズの筆者であり、SNSで数十万人の＃会計クイズのファンを持つ大手町のランダムウォーカーさんこと、Funda代表取締役の福代和也さん。福代さんには、読者目線の図式化のたくさんのコツを教えていただきました。何度かコラボセミナーもご一緒させていただき、世の中の多くの人に決算書を読む楽しみを伝える若きリーダーとして尊敬しています。ありがとうございます。

　それから、本書の企画段階からビジネスパーソンの読者目線のアドバイスをくださった日経BPの赤木裕介さん、根気強く、ビジュアル化に工夫を凝らしてくださった編集担当の堀口勝匡さん。ようやく出版できましたね。これまでの書籍の中でも、新しい試みだったので、時間がかかりましたが、おかげ様で新境地に踏み出せました。

　そして、朝早く、夜遅く、週末返上で、本業以外に執筆に取り組む私に、文句も言わずに執筆活動に集中させてくれ、見守ってくれた妻にも、この場を借りて、感謝させていただきます。いつもありがとうね！

　時代とともに市場のルールが変わるのは常です。そして、企業よりも消費者の方が半歩先を行くことも少なくないのが流通業界です。そんな環境の中で、現代のゲームチェンジャーのチャレンジに刺激を受けて、私ならこうする、僕だったらこうする、という問題提起を胸に起業を思い立ち……将来、消費者の

ハッピーのために、流通の常識を塗り替えて、ゲームチェンジャーとなる新しい革新者が登場することを楽しみに夢見て、本書の筆をおくこととします。

2023年4月　齊藤孝浩

参考文献

書籍

和仁達也著『お金の流れが一目でわかる！ 超★ドンブリ経営のすすめ──社長はこの図を描くだけでいい！』ダイヤモンド社

大手町のランダムウォーカー著『会計クイズを解くだけで財務3表がわかる 世界一楽しい決算書の読み方』KADOKAWA

大手町のランダムウォーカー著『会計クイズを解くだけで財務3表がわかる 世界一楽しい決算書の読み方 [実践編]』KADOKAWA

土屋哲雄著『ホワイトフランチャイズ ワークマンのノルマ・残業なしでも年収1000万円以上稼がせる仕組み』KADOKAWA

鈴木敏仁著『アマゾンVSウォルマート ネットの巨人とリアルの王者が描く小売の未来』ダイヤモンド社

長沢伸也著『ブランド帝国の素顔：LVMHモエヘネシー・ルイヴィトン』日経BP

齊藤孝浩著『ユニクロ対ZARA』日本経済新聞出版

齊藤孝浩著『アパレル・サバイバル』日本経済新聞出版

報告資料

経済産業省 電子商取引に関する市場調査報告書

新聞・雑誌・ニュースメディア

WWDJAPAN

日本経済新聞

繊研新聞

ダイヤモンド・オンライン

リサイクル通信

M&A Online

SankeiBiz

Bloomberg

Wall Street Journal

CB INSIGHTS

Financial Times

Euromonitor International

BBC

Retail Week

Coresight Research

Sourcing Journal

中渤经济 CNBO

晚点 LatePost

36Kr

搜狐　sohu.com

Morketing Global

企業ホームページ・IR情報

株式会社ファーストリテイリング

株式会社ニトリホールディングス

株式会社 ZOZO

株式会社千趣会

株式会社クラシコム

株式会社ワークマン

株式会社しまむら

株式会社丸井グループ

株式会社三越伊勢丹ホールディングス

株式会社メルカリ

ブックオフグループホールディングス株式会社

株式会社トレジャーファクトリー

ヤマトホールディングス株式会社

株式会社出前館

株式会社オンワードホールディングス

THE INDITEX GROUP

SHEIN.com

H&M Hennes & Mauritz AB

Bonobos plc.

Costco Wholesale Corporation

Walmart Inc

LVMH Moët Hennessy-Louis Vuitton SE

Kering S.A.

thredUp Inc.

DoorDash Inc.

［著者］ 齊藤孝浩 TAKAHIRO SAITO

ディマンドワークス代表。1965年東京生まれ。

総合商社アパレル部門でのグローバルな商品調達から、アパレル小売業でのローカルなチェーンストア経営まで、豊富な実務経験を持つファッション流通コンサルタント（専門分野は店頭在庫最適化）。

事業会社勤務時代に過剰在庫に苦労した数々の原体験から、独自の在庫運用スキルを体系化。ファッションストアの在庫コントロールの実践支援コンサルタントとして2004年に独立し、これまで30以上のブランドの在庫コントロール業務の再構築と人材育成に携わり、6ブランドの年商100億円突破に携わる。

国内外のファッション企業の動向やサプライチェーンの事情をわかりやすく解説する専門家としても活動し、22年4月から明治大学商学部特別招聘教授も務める。

主な著書に『ユニクロ対ZARA』『アパレル・サバイバル』（ともに日本経済新聞出版）がある。ファッション＆ビューティの業界紙 WWDJAPANに「ファッション業界のミカタ（ファッション流通企業の決算書の読み方）」を連載中。

図解　アパレルゲームチェンジャー
流通業界の常識を変革する10のビジネスモデル

2023年5月25日　1版1刷

著者	齊藤孝浩 ©Takahiro Saito, 2023
発行者	國分正哉
発行	株式会社日経BP 日本経済新聞出版
発売	株式会社日経BPマーケティング 〒105-8308 東京都港区虎ノ門4-3-12
ブックデザイン	髙井 愛
イラスト	加納徳博
印刷・製本	シナノ印刷

ISBN978-4-296-11640-9
Printed in Japan